Alibaba

别把抱怨当习惯：
阿里巴巴给年轻人的14堂智慧课

张弛 ◎ 编著

中国商业出版社

图书在版编目（CIP）数据

别把抱怨当习惯：阿里巴巴给年轻人的 14 堂智慧课 / 张弛编著.
—北京：中国商业出版社，2015.11
ISBN 978-7-5044-9152-7

Ⅰ.①别… Ⅱ.①张… Ⅲ.①成功心理—青年读物
Ⅳ.① B848.4-49

中国版本图书馆 CIP 数据核字（2015）第 240885 号

责任编辑：朱丽丽

中国商业出版社出版发行
010-63180647　www.c-cbook.com
（100053　北京广安门内报国寺 1 号）
新华书店总店北京发行所经销
北京毅峰迅捷印刷有限公司印刷
*
710×1000 毫米　16 开　14 印张　220 千字
2015 年 12 月第 1 版　2015 年 12 月第 1 次印刷
定价：32.00 元
* * * *
（如有印装质量问题可更换）

前言
PREFACE

有些年轻人在进入社会之初，常常是雄心勃勃，干劲十足，但随着在社会上处处碰壁，事业屡屡受挫，当初的雄心壮志已经不在，便开始抱怨这个世界，抱怨老天的不公，抱怨命运的艰辛。当他们将抱怨当作习惯的时候，他们就沦为了平庸无奇的人。反过来看那些平庸的人，你会发现抱怨是他们最显著的标签。可以说，抱怨就像一颗钉子，会将一个人钉在失败的墙上，永远都不得解脱。

从雄心勃勃的青年到满腹怨气的失败者，这并不是社会造成的，很多人都是自身不够智慧，最后让抱怨成为自己失败人生的根源。所以，要成功，就要摒弃抱怨。马云曾经说过："人不是为了惊天伟业而生的，人是为了感受生活而生的，只有摆脱抱怨，才能拥抱生活。"马云和阿里巴巴的成功是不可复制的，但是在这些成功的背后，有很多东西值得我们思考和学习。

　　对于当下渴望成功的人来说，马云已经成为当之无愧的榜样：从最初的普通高校教师到中国最大的电子商务"帝国"——阿里巴巴的缔造者，马云的成功已成了千万年轻人学习的楷模，成了一个美丽的神话。有人说，马云瘦小的身材、近乎怪异的长相似乎暗示了他天生就异于常人，因为马云的成功给我们带来了太多的感悟和启迪。有人曾经问马云："能不能用一句话概括你成功的秘诀？"马云的回答是："不要把抱怨当习惯！"

　　那么，这简单的8个字为什么能成为马云成功的秘诀，其中又包含了怎样的智慧呢？不要把抱怨当习惯，我们又该如何去做呢？那就是不埋怨谁，不嘲笑谁，也不羡慕谁，无论是阳光灿烂还是风雨交加，都能做自己的梦，走自己的路——这就是阿里巴巴智慧最精辟的诠释。

目录 CONTENTS

第01课　紧追目标：年轻人有梦想，更要实干
　　放眼全世界，才有无限希望 / 3
　　心中有蓝图，更要脚踏实地 / 6
　　有创业理想，但不能理想化 / 8
　　可以思想不统一，但目标要统一 / 10
　　相信自己，为梦想而战 / 12

第02课　保持激情：事业需要激情不要抱怨
　　一定要有持久的激情 / 17
　　拥有使命感，事业就会做得更好 / 19
　　学会给团队注入激情 / 22
　　要有一股疯劲，偏执才能成功 / 24
　　敢想敢干，相信一切都有可能 / 26

第03课　笑对逆境：把失败当作垫脚石
　　把逆境看成是上帝的礼物 / 31
　　让挫折成为你成功的垫脚石 / 33
　　只有摆脱抱怨，才能拥抱生活 / 35
　　无论多难，都乐观地看待这个世界 / 38
　　你要创业，就要接受所有严酷的敲打 / 40

第04课　注重口碑：名声是事业的宝贵资产

聪明的人往往先去推销自己　/　45

做企业从取一个响亮的名字开始　/　47

诚信才是阿里巴巴最大的财富　/　50

借"名人"之名推动自己的事业　/　52

做人做事，先做忠诚度再做知名度　/　54

第05课　柔性竞争：争得你死我活的商战是愚蠢的

马云为什么呼吁放弃和百度竞争　/　59

心中无敌者，无敌于天下　/　61

竞争的时候不要带着仇恨　/　63

只有双赢才能走得长远　/　65

竞争，要让对手痛苦，你很快乐　/　68

向竞争对手学习　/　70

碰到强大对手，不要挑战要弥补　/　72

第06课　学会用人：成功的事业绝不是独角戏

唯才是举，"土鳖"未必不如精英　/　77

懂得借助别人为自己获得结果　/　79

自己不懂的，可以用别人的脑袋　/　81

找最合适的人，而不是最成功的人　/　84

阿里巴巴要的是"猎犬"型人才　/　86

人才是用重金培养出来的　/　88

第07课　快乐第一：追求事业成功更要追求快乐

让阿里巴巴的人笑着干活　/　93

阿里巴巴注重幸福文化管理　/　95

工作不要太认真，快乐就行　/　97

好玩、好看才好卖：阿里巴巴的娱乐营销 / 100
　　阿里巴巴的LOGO是一张笑脸 / 102

第08课　聚拢人心：让更多的人为你点"赞"
　　粉丝是你最忠诚的支持者 / 107
　　马云的策略：用领导魅力吸引人才 / 110
　　经营理念深得人心，不靠控股来管人 / 112
　　舍得付出：用5000万换来的信心和希望 / 115
　　打造团队精神：不抛弃，不放弃 / 118
　　财散人聚：让员工过上好日子 / 120

第09课　敢于创新：要做就做别人不能模仿的
　　银行不改变，我们就改变银行 / 125
　　与众不同，才能吸引更多目光 / 127
　　没有突破，就等于什么都没做 / 129
　　标新立异，永远不做大多数 / 131
　　挑战我们一直认为对的事 / 134

第10课　抓住机遇：机会太多，你只能抓一个
　　机会很诱人，但也要敢于拒绝 / 139
　　创业拼的是对未来的预见 / 142
　　聪明的人，善于发现并抓住机会 / 144
　　机遇，就是永远能抢在对手前面 / 146
　　危机来的时候，机会也来了 / 148
　　没有出路的"机会"，撞破南墙也不是路 / 150

第11课　警惕危机：有忧患意识，才能避免失败
　　有运气好的时候，就会有倒霉的时候 / 155
　　冬天的使命：马云是这样"过冬"的 / 157

"自黑",天猫危机公关的智慧 / 159
承认失误,不要为平息危机而公关 / 162
生于忧患,不要满足一时的成就 / 164
做企业,要在不缺钱时找钱 / 167
预测出未来可能出现的灾难 / 169

第12课　学会坚持：坚持下去总会有机会

坚持才会有运气 / 175
耍小聪明,不如傻傻地坚持 / 177
等别人倒下,跪着的你就是成功 / 179
永远都不忘记第一天的梦想 / 182
就是在刀光剑影中求成功 / 184

第13课　生财有道：赚钱模式越多,说明你越没有模式

不做竭泽而渔的"愚人" / 189
帮助别人赚钱,自己才能赚到钱 / 191
搞定投资者,别人的钱也要省着花 / 194
为卖家省钱就是为自己省钱 / 196
企业不能创造概念,而要创造价值 / 199

第14课　不断反省：吸取教训,降低成长的成本

写出阿里巴巴的1001个错误 / 203
将犯错当作最有效的学习过程 / 205
错误犯得越早,自己的损失越小 / 207
利用别人的错误完善自己 / 209
闯天下,就不要害怕犯错误 / 211
永远把别人的批评记在心里 / 213

第 01 课
紧追目标：年轻人有梦想，更要实干

年轻人要有明确的目标，当你没有明确目标的时候，自己不知道该怎么做，别人也无法帮助你！天助先要自助，当自己没有清晰目标的时候，别人说得再好也是别人的观点，不能转化为自己的有效行动。所以，马云说："人要有专注的东西，人一辈子走下去挑战会更多，你天天换，我就怕了你。"

放眼全世界，才有无限希望

成功的机会往往在竞争中变化迭出，各种情势接踵而至，每一天的变化都可以说是巨大的。因此，那些聪明的年轻人往往能够把握此间的情势，看准机会的风向。年轻人必须对全局了然于胸，对未来之势亦要把握到位，不抱怨事业的艰辛，才能以更长远、更全面的角度来解决问题。所以石油大亨洛克菲勒先生曾在给儿子的信中说道："成功不是以一个人的身高、体重、学历或家庭背景来衡量，而是由他思想的'大小'来决定。"英国著名诗人华兹华斯也说："执着于高尚的目标，就是正在从事高尚的事业。"

2007年，阿里巴巴掌门人马云表示："阿里巴巴的发展方向是'达摩五指'，包括诚信体系、市场、搜索、软件和支付五个发展方向，软件是重要一环。"从马云进军软件领域的战略部署中，我们看到了马云的阿里巴巴"电子商务帝国"构架的轮廓。

马云的雄心壮志是阿里巴巴未来发展最重要的精神力量所在，从他一开始便宣布"阿里巴巴的世界战局"来看，这个目标之大，不仅显示了他目光之长远，还将他颇具霸气的领袖气场体现出来。

在建立阿里巴巴电子商务网站时，马云把客户源定位在了国内和国外两个价值链：一头是海外买家，一头是中国供应商。从阿里巴巴的机构设置中，就可以感受到它自始至终的国际化战略。他们的口号就是"避免国内甲A联赛，直接进入世界杯"。

马云说："我们要打开国际电子商务市场，培育中国国内电子商务市场。"当时互联网的核心技术和核心企业都在西方，能向互联网投资的主流资金也都在西方，所以马云决定利用一切可以找到的机会，首先"搞定"国外市场。

既然将未来的公司定位为全球的公司，名字就应该是响亮的、国际化的。马云因此说："我取名字叫阿里巴巴不是为了中国，而是为了全球，我做淘宝，有一天也要打向全球。我们从一开始就不嚷'不是为了赚钱，而是为了创建一家全球化的、可以做102年的优秀公司'。"

最初创立阿里巴巴的时候，创业资本很少，但马云却从创业资本中拿出1万美元买回了阿里巴巴的域名。他认准阿里巴巴这个名字可以跨越国界，流行全世界。

有了适合国际路线的名字之后，阿里巴巴就避开国内市场，直接进军国际。马云还不断在欧洲和美国做演讲，来听的人并不多，最惨的一次，马云在德国组织演讲，1500个座位只来了3个人，马云虽然也觉得很丢脸，但为了宣传，还是坚持下去了。

作为一个有智慧的年轻人，当你就相关任务进行讨论时，一般都是从"目标"谈起的。大目标不是大而空洞、不切实际的目标，目标大，显示的是一个人的胸怀大，收获的自然会多。

对于任何一个想要获得成功的人来说，眼光放长远一点是很必要的。只有把眼光放长远，制定一个远期的规划和明确的奋斗目标，才有奔头，才有希望，也才有实现梦想的积极性，而且当你放眼纵观全局时，你的眼界才会更开阔，事业的发展脉络才会更清晰。这也是阿里巴巴教给年轻人的智慧。马云曾经说过："我们绝对是放眼世界的，真正做到打到全世界去。"时至今日，马云的目标终于实现了，他已经让全世界人见识了阿里巴巴的神奇，并已经让全世界人知道，阿里巴巴是中国人创办的公司，阿里巴巴是一家让全世界华人骄傲的中国公司。

所以，只要你是一个不甘平庸的人，就要有一个长远的规划和明确的奋斗目标，这样才能调动全部的积极性，为实现目标而奋斗。

鲁伯特·默多克是美国著名的新闻和媒体经营者。他大学毕业后在英国伦敦的《每日快报》工作。直到父亲去世，默多克作为合法的继承人，回到澳大利亚继承了父亲留下的一家地方报纸——阿德莱德的《新闻报》。

默多克一旦决定在澳大利亚发展，便很快为自己制定了"跨国经营"的战略目标。1963年，他购买了香港某杂志公司28%的股份，1964年购买了新西兰惠灵顿的主要报纸《自治报》，1968年设法拥有了英国历史上最悠久也是最大众化的《世界新闻报》集团49%的股权，1989年接管了柯林斯出版公司，在全球掀起了一股"默多克旋风"。

微型通信技术的进步和信息时代的到来，给默多克创立跨国传媒公司提供了前所未有的机遇，从1983年在英国创办天际广播公司开始到如今，默多克的新闻公司已经成了英国电视网的核心和世界上最大的卫星电视集团。与此同时，他的新闻公司集团也开始迅速国际化。到1996年，默多克仍然控制着新闻公司32%的股份，就如同管理着自己的领地一样。那时候他扬言要带领公司进一步向更新的领域发展，要在21世纪取得更大的成就。

最后，默多克建立起了横跨五大洲的传媒大帝国——新闻集团，他本人也因此成为名噪一时的世界报业大亨。

伊克巴尔曾说："你要有雄心壮志，江河也会向你俯首。"我们常听见一些人说目标要跳起来够得着才行，事实上有时候我们制定的目标要比"跳起来"还要远大，这样才能引导我们走得更远。

年轻人要想在人生中获取成功，一开始就应该给自己明确一个目标，年轻是最重要的资本，作为有着无限希望的年轻人，成就必然与志向有着莫大的关联，只要将"目标种子"播撒在自己的心田，并持之以恒地"耕种"和"浇灌"，就一定会得到想要的果实。

心中有蓝图，更要脚踏实地

"我的目标是在未来年薪能拿到 200 万""我的目标是在未来的两年内让自己坐上主管的位置""我的目标是让公司的管理程序更加完备，以迎接新的市场机制"。有些年轻人在创业之初往往会有这样的宏愿，心中能够有这样宏伟的蓝图确实可赞，但是，拥有高瞻远瞩思想的同时，是不是还要学会脚踏实地呢？特别对于一些刚踏入社会的年轻人来说，心中能够装着整个世界的辉煌，并不是什么坏事，但是如果过于沉浸在成功的幻想中，就会失去务实的精神。马云曾经告诫道："一个优秀的创业项目是做好而不是做大，更需要注重项目细节的可执行性。"

阿里巴巴迅速崛起的同时也给内部管理带来了巨大的压力。当时，财务部每月光是需要处理的业务凭据就达 200 多本 6000 多号。而所有的业务都是通过手工方式处理的。这样一来，财务部的业务处理时间越来越长、信息传递的速度越来越慢，数据的准确性也越来越差。面对如此情景，马云建议财务主管让所有业务流程迅速信息化，并且为财务部上电算化管理。

很快，马云的想法便得到了有效实施。阿里巴巴成立了专业电算化领导小组，开始对财务部实施电算化改造。据马云回忆，当时由于数据量很大，而且项目组成员都是第一次实施，经验不足，数据经常出现问题，不得不重新来过。几名成员经常加班加点，十分辛苦。想起当时的情景，马云颇为感慨地说："财务部的人吃了半年多的方便面呀！"

经过专业人员脚踏实地地钻研了半年时间，最终证明新系统完全符合要求，并逐步替代了老的系统。不仅如此，新系统的应用，使财务部的业务流程更为清晰，阿里巴巴处理财务业务数据的效率提高了，数据的准确性得到了改善。

具有高瞻远瞩的眼光是好事，但是有了想法之后，一定要去实施，这样才能保证你的好点子不至于成为昨日黄花。在我们身边，有很多人的失败不是因为缺乏思想，缺少经验，很大一部分原因在于缺乏行动。

要知道，执行力是任何一个成功者所必须具备的能力。凭空想象并不值钱，要想真正让你的点子值钱，就一定要将这种想法与行动结合起来。譬如，在工作中，同样的方法可能被两个人同时想到了，但是谁的执行力更强，谁先迈出第一步，谁就更容易成功。

《哈佛商业评论》中文版曾经发表了这样一篇文章——《做企业要"眼高手低"》，作者是阿里巴巴集团的"总参谋长"曾鸣。此处说的"眼高手低"，并非日常理解的"好高骛远"的意思，而是另有含义。曾鸣认为，"眼高"就是高瞻远瞩、看到未来，有一张战略地图；"手低"就是动手的时候一定要脚踏实地、实事求是，要有非常好的切入点，才能够把战略地图拼出来。可见，脚踏实地的实干精神已经深深地渗透到阿里巴巴的文化中去了。

1949年，包玉刚随父亲抵达香港，一开始，他主要经营进出口贸易，然而生意平平。

后来，包玉刚在对世界经济形势及动向做了一番分析与研究之后，便毫不犹豫地选择了航运业。他认为，航运业涉及的行业有很多，具有广阔的发展前途。

然而，当时包玉刚的这个决定引来了所有亲朋好友的质疑，他们都劝他打消这个念头，可是这时的包玉刚早已暗下决心，准备在航运路上放手一搏，闯出一条属于自己的道路。

1955年，包玉刚创立了香港环球航运有限公司。为了筹集买船的款项，他到汇丰银行借贷，汇丰银行人员以"华人不懂船舶"为由拒绝对其予以资助。他又到日本神户，终于得到了第一笔贷款，用77万美元买下了一艘已用了28年的旧船。包玉刚以一条旧船闯入了航运界，那年他37岁。

从此，包玉刚在航运业的征途中乘风破浪，勇往直前。20年后，他登上了"世界船王"的宝座，成为全球最大的独立船东。

包玉刚曾经说过："一个目标一旦确立，不管它最初是源于什么，都要尽最大的努力去完成它，这是公司之间有所区别的地方。"因此，只有把战略和执行很好地结合起来，战略才有生命力，人生发展才会走上通向成功的轨道。这不仅是成功之道，也是获得成功的智慧所在。

古人说："天下从事者，不可以无法仪；无法仪而其事能成者，无有也。"无论做什么事，首先要有目标，确定了目标以后，接下来的事就能顺利开展，不然就很难成事。所以，年轻人光有远大的志向还不行，还要将远大目标与具体步骤相结合，这样才能让思想与行动融为一体，在自己的人生中创造出更高的价值，也让好的思想在获得成功的道路上真正体现出其价值所在。

有创业理想，但不能理想化

中国有句俗话："练武不练功，到老一场空。"这里的"武"指的是技巧，"功"指的是功夫。所谓技巧就是方法，而功夫则是实力。年轻人为自己的事业设定目标并不太难，可是如若将创业目标在贯彻执行的过程中理想化，那么创业目标最终会因为虚化而流产。

看看身边的那些创业失败者就会发现，很多时候并不是他们人生的创业战略出现了问题，而是他们的执行力不足，不能实现原先所制定的战略目标。更有甚者，总是好高骛远，让创业理想变成了遥不可及的梦想。

马云曾经在自己一篇名为《靠价值观打天下》的演讲稿中说道：

"任何事要有理想，但不能理想化。阿里巴巴的目标是走102年，因为我觉得任何一个目标必须非常明确，单纯一个口号没有实际意义，必须说清楚到底多少数字是你要的。

"我们公司诞生于1999年，在20世纪活了1年，这个世纪打算活100年，22世纪再活1年，横跨3个世纪。我们今天做的任何事情都是让公司活102年。在企业里面我们从来不讲自己成功，因为我们还有94年要走，未来每一天都可能会死掉，每一天都有可能遭遇大灾难。我们对自己既乐观，又很小心。

"今天来看，很多人说阿里巴巴的发展具有战略意义，做的事情都很符合逻辑。什么事情，你成功了就都有一个逻辑，但是你按照一个逻辑去做成功几乎不可能。有的人说你们太伟大、太厉害了。我说没有那么伟大，没有那么厉害。是别人说我们伟大，我们才伟大的。"

年轻人创业成功，30%靠人生战略，50%靠执行力，20%靠运气，针对不同性格的人，不同的专业优势，给出的比例或许会有所不同，但执行力依然会占到最大的比例。因为执行力才是一个人实现人生目标的能力，并不是单纯地靠理想而取胜。

联想集团董事长柳传志曾经说过："一个人在谋求成功的道路上绝不能理想化，要脚踏实地，一步一个脚印。"今天的联想，依然有着宏伟的理想，但是在执行的时候靠的却是脚踏实地，可以说联想的目标从不脱离实际。

在创业过程中，很多年轻人总是倾向于制定较高的人生目标，崇高的理想会给各个方面一个较好的心理预期。但是必须注意的是，如果这种理想高得超出了个人的能力所及，甚至与现实脱节，那么必然将变得毫无意义。

在创业的过程中，很多年轻人想一步登天，这种操之过急的想法很容易给自己带来失败。

吴炳新是"三株"企业掌门人，在1997年上半年，他一口气并购了20多家制药厂，投入资金超过5亿元，但这些并购却并没有壮大"三株"的实力，反而将"三株"拖入了资金短缺的深渊。

所以，年轻人在制定人生的目标后，应当对目标进行预期评估，要分析该目标是否始终能够得到有效实施，是否符合实际，其变化范围是否是组织资源所能承受的。正如海尔集团董事长张瑞敏所说的："创业的战略目标应当首先将着眼点放在自身，只有这样才能制定出切实可行的战略计划。如果目标太大，自己的能力根本无法企及，那它只能是空谈，只是一个良好的愿望罢了。"

所以，有目标有理想，但是不能脱离实际，要在执行的过程中让其变得理想化。要让自己的事业可持续发展，那么任何激情式的冲动都必须回归理性，这样才能从务实的角度出发，一步一个脚印走向成功。

可以思想不统一，但目标要统一

马云曾经说过："千万不要相信你能统一人的思想，那是不可能的，30%的人永远不会相信你。不要让你的同事为你干活，而要让他们为我们的共同目标干活。团结在一个共同的目标下要比团结在一个人周围容易得多。"在马云看来，目标是凝聚一群人的抓手。

有一次，深圳某小企业主向马云询问："虽然我们曾多次强调公司的目标是'3年内成为专业的互联网营销公司，7年内上市，10年内成为受人尊敬的公司'，但最近经常有工作了一年以上的员工以'不知道未来方向'为由辞职，现在还逐渐波及新来的员工。我该怎样给员工未来的发展明确定位？"

对此马云回答道："公司的目标'3年内成为一家专业的互联网营销公司，7年内成为一家上市公司，10年内成为一家受人尊敬的公司'，比较空，比较假，不实在，员工要问：跟我有什么关系？员工真正关心的是自己的住房、婚姻、个人的成长、自己的提升，自己对公司的贡献，对社会的贡献是什么？如果这些基本问题不解决，很难长期留住员工。

"把'7年内成为一家上市公司'当成一个目标是不应该的，上市是一个结果，不是一个目的，在中国有太多这样的公司，把上市当成最重要的目标，以至于一旦上不了市，公司就散掉，上市以后又发现没有想象的好，公司也散掉。

"'10年内成为一家受人尊敬的公司'，我觉得从第一天起首先要成为受员工尊敬的公司和受客户尊敬的公司，那自然会成为受人尊敬的公司。"

马云的这段话虽然是在给企业支招，但我们也可从中找到年轻人发展的智慧。在谋求个人事业发展时，不论你的思想有多大波动，也不论思想有多大改变，一定要给自己建立一个比较专注的目标，并且专心、努力去实现这个目标。另外，对于不同的人来说，做事方式和行为思想各不相同，但是只要目标清晰，就能达到自己的目标。

为成功拼搏，如同带兵行军打仗，目标方向必须是正确的，那么不论自己采取什么样的方式去做，最终的结果总归是正确的。目标是一个方向点，更是"全军"的精神要领，思想只是辅助完成目标的方式而已，只要能够把握好方向，人生一定能"完胜"。

在科技界，"苹果"被许多人视作一家封闭性的公司。人们曾一度质疑乔布斯，一个只专注于音乐播放器和创意手机的公司掌门人，怎么能够在科技日新月异的今天立足呢？

苹果公司成立的几十年间，仅推出了5个型号的音乐播放器和5款手机。至乔布斯去世，手机只推出到加 IPhone 4s，以及一款平板电脑。

总体来说，苹果公司的产品类型是比较单一的，但无论是哪种产品上市后都被人们当作艺术品来追捧。苹果公司做产品有一个很明确的思路，那就是专注。从产品的研发到市场的推广，一段时间之内苹果公司只专注在一款产品上，甚至一款电子产品常常只有一个型号和一种颜色。

人的思想虽然会发生变化，但是人的精力是有限的，只有专心做一件事的人，才能确定一个明确的目标并集中精力、专心致志地朝这个目标努力。比如伍尔沃斯的目标是在全国各地设立一连串的"廉价连锁商店"，于是他把全部精力花在这件工作上，最终带领员工完成了目标，而这项目标也使他获得了巨大成就。

很多营销大师都在探讨成功的理念，从陈安之、拿破仑·希尔到安东尼·罗宾，从古代的老子、韩非子、孔子的中庸思想到西方的心理学，其理念都惊人的相似——专注如一。当你定下了目标，就一定要对它专注如一，而不是任意改动。

相信自己，为梦想而战

在心中怀有美丽梦想和崇高理想的人，只要不把时间浪费在无谓的抱怨中，终有一天会将这一切实现。哥伦布梦想着另一个世界，结果他发现了新大陆；哥白尼梦想着一个更为广阔的宇宙，结果他发现了宇宙的奥秘，极大地扩展了人们的视野；释迦牟尼梦想着一个纤尘不染、宁静平和的精神世界，结果他最终找到了世间的一种真谛。

喜欢梦想的人给这个世界带来了福音，因为梦想建构了这个世界。美丽的梦想能够滋养、治愈人们受伤的心灵，所以纵然追寻梦想的路途充满艰辛，人们也不会放弃自己的梦想，不会让自己的理想褪色、消逝。人类生存在理想之中，并坚信在某一天所有的理想都将成为现实。

只有做高尚的梦，年轻人才会飞向自己的梦想。一个人的梦想预示了这个人未来的模样，所以年轻人的理想闪耀着未来的光芒。

马云常说的一句话是："不要问'我能做什么'，而要问'我该做什么，我想做什么'。"马云总结的阿里巴巴创新发展经验中的一条就是："相信自己，为梦想而战斗。"

马云认为，任何从业者一定要坚信自己在做什么，一定要坚信自己是正确的，这样才会有成功的可能。在工作的过程中，尤其是前四五年以内，任何一家公司都会面临很多的抉择和机会，在每个抉择和机会过程中，你是不是还像第一天，像自己初恋那样记住自己第一次的梦想，这至关重要。

马云一开始就梦想做一家中国人创办的全世界最好的公司，梦想做一个世界前10名的网站。然而在马云创业之初，除了梦想，几乎一无所有。他没有钱，没有家庭背景，没有社会关系，没有名牌大学的出身，没有海外留学的经历，没有MBA学位，没有计算机知识。梦想成功是马云创业的缘起，但不能仅仅止于梦想，要给梦想一个实践的机会，要为实现梦想而战斗不息。

在头几年里，阿里巴巴的模式是不被业界看好的。例如网易CEO丁磊、搜狐CEO张朝阳等人之前一直不看好B2B模式，但马云不在乎别人怎么说，他只相信自己的感觉。在马云心里，别人越看好，他越不做，别人越不看好的，他倒要出其不意地试试看。

阿里巴巴的投资者中有一些人曾质疑过阿里巴巴的模式，马云在说服他们的同时，也做出了一些很好的成绩，使这些投资者都心悦诚服。自1999年，阿里巴巴以"让天下没有难做的生意"的强烈使命感和"服务第一、客户第一"的价值观，实现了惊人的跨越，最后发展到7000多人，成为了由5家企业组成的集团，产品市场占有率超过80%。马云认为，这是坚持自己梦想的结果。

马云喜欢有梦想的人，他曾经对员工说："我们要坚信一点，这世界上只要有梦想，只要不断努力，只要不断学习，不管你长得如何，不管是这样，还是那样，男人的长相往往和他的才华成反比。今天很残酷，明天更残酷，后天很美好，但大部分人绝对是死在明天晚上，所以每个人都不要放弃今天。"可见，有梦想是很重要的。

年轻人要记住，你生活的基础，你的未来，是你心中怀有的梦想，是你一直珍藏于心的理想。作为阿里巴巴人，除了有梦想、有决心、有毅力之外，还得有智慧。所以，马云说："因为我知道我看见了这个东西，我太想做一样东西。很多年轻人是晚上想想千条路，早上起来走原路。年轻人的成功，关键不是看你是不是有出色的想法、理想、梦想，而是看你是不是愿意为此付出一切代价，全力以赴地去做它，证明它是对的。"最伟大的成就在最初的时刻往往只是一个梦想。橡树沉睡在果壳里，雄鹰还在蛋壳里汲取营养，在最美丽的梦想里，天使正慢慢苏醒。梦想，成为了现实最甜蜜的情侣。

第 02 课

保持激情：事业需要激情不要抱怨

在成功路上，激情让人更有力量，恒久的激情会让人获得更大的成功。但是，保持激情是很难的，因为一时涌起的激情会因为长期的劳累或失败而淡化，直至最后消失——这是人性中最常见的短板。所以，马云告诫我们说："短暂的激情是不值钱的，只有持久的激情才是赚钱的。"

一定要有持久的激情

爱默生说:"不倾注激情,休想成就丰功伟业。"

罗素在《自传》前言中写道:"对爱的渴望、对知识的探索和对人类苦难的难以忍受的怜悯。这三种激情左右了我的一生。这些激情像飓风,无处不在、反复无常地吹拂着我,吹过深重的苦海,濒于绝境。"

比尔·盖茨说:"我之所以每天都能满怀热情地工作,是因为每天早晨醒来,一想到所从事的工作和所开发的技术将会给人类生活带来的巨大影响和变化,我就会无比兴奋和激动。"

……

大多数成功者对激情有着精辟的论述,因为在他们看来,是激情成就了他们的人生。但是,年轻人有了激情就可以成功了吗?

在一期"赢在中国"中,董冰是致力于做中国最专业的电动车维修和综合服务企业的参与者,在回答马云"为什么选择电动车,为什么选择在苏州创业,组织员工学习时都让他们学什么"的三个问题时,他信誓旦旦地说:"因为这个行业是被打压的,是完全依靠市场推动力发展支撑的。现在我已经得到了一个很好的消息,政府马上就要解禁了,这证明它顽强的生命力已经迫使一些地方政府不得不让路。真正有市场生命力的东西一定不是靠扶持发展起来的,而是靠市场需求生存下来的,再加上我们的技术能够深入到这个行业,所以我选择了电动车这个行业。"

至于董冰为什么选择苏州,他说:"因为苏州的电动车保有率非常高,如果我在苏州没有成功,就证明我无能。另外,我在苏州没有任何可以利用的关系,如果我能成功,就说明我们的模式能够复制到全国。"他说他的员工平均文化程度只有初中水平,但是,他有信心在短时间内把他们培养成最优秀的团队。

别把抱怨当习惯：
阿里巴巴给年轻人的14堂智慧课

马云对他的评价是："一个人能够有如此激情，的确是一个非常好的开始。"最后，马云却给出了著名的忠告："短暂的激情是不值钱的，只有持久的激情才能赚钱。"

的确，用"永远的激情"来形容马云是再合适不过了。至今，阿里巴巴都还保存着这样一段录像：1999年阿里巴巴刚成立时，在杭州湖畔花园的马云家，坐着马云的妻子、同事、学生和朋友等共十几个人。当时留着长头发的马云手舞足蹈，充满激情地慷慨陈词："从现在起，我们要做一件伟大的事情。我们的B2B将为互联网服务模式带来一次革命！……"

马云这段充满激情的画面至今激励着阿里巴巴每一个人。

马云对激情有着精辟的论述，因为在他看来，是激情成就了他的人生。激情，会让一个人义无反顾往前冲，不管前面遇到的是什么。一切都会给激情让道，直到出现成功。所以很多人十分肯定激情对成功的巨大作用。

激情让人摒弃一切无谓的抱怨，激情是成功的力量。激情能让每个人扬起人生之帆，它能让遭遇失意的人保持一份活力，让人有力量持续地为成功去拼、去奋斗。

18岁时，弗兰克·贝特格成为了一名职业棒球选手。可没多久，他就因总是无精打采被开除了。老板告诫他："无论你从事什么工作，都要充满活力和激情。"

3周后，他加入了康州的纽黑文球队，此时他暗下决心：我一定要保持活力和激情，一定要成为球队核心球员！

从此，在比赛的时候，哪怕是输了，或者是遭遇了一个强劲的对手，他都不会因此而产生沮丧的情绪。他总是不知疲倦地奔跑在球场上。他的每个投球都迅速而有力，有时竟能震落接球队友的护手套。

在一次联赛中，纽黑文队遭遇到实力强劲的对手，但高涨的激情让弗兰克忘记了恐惧和紧张，并最终赢得了决定胜负的一分。

第二天的报纸上赫然刊登着弗兰克的消息："这个球员是个新手，他浑身上下充满活力和激情，并因此感染了其他队员，从而赢得了此次实力悬殊的比赛……他是球队的'灵魂'。"

为什么一个原本毫无活力，被人开除的球员，在短短的 3 周内却能够赢得实力悬殊的比赛，并成为球队的"灵魂"？毫无疑问，是因为弗兰克对比赛拥有了激情。

马云发现，有些年轻人刚开始进入阿里巴巴的时候，的确是激情满满、自信满满，一副"不成功，便成仁"的样子。但是，当遭遇了困难和挫折以后，那满腔的激情便开始逐渐消减，甚至因为无法面对困难和挫折，承受不了失败的打击，到最后干脆直接退出，所以，这些人往往是失败者。

拥有了激情的年轻人，就能把全身每一块肌肉的力量都调动起来，这让生命始终充满着张力，让内心满是希望。所以，年轻人要想获得成功，千万不要因为一时的失意而放弃了理想和追求，保持激情，就会让你在遇到悬崖陡壁时，对理想和追求不抛弃、不放弃，直到有所获；只有选择了激情，才能使你满怀热诚地去追求属于自己的成功。

拥有使命感，事业就会做得更好

谈到使命感，可能大家会觉得有点抽象，使命感是什么？使命感就是一个人对自己未来人生的一种感知和认同。年轻人要想获得事业的成功，就必须有自己的使命感，有自己的价值观。

世界 500 强企业的 CEO 谈到最多的就是使命和价值观。迪士尼公司的使命是让世界快乐起来；丰田的使命是让全世界都懂得尊重。正是因为有着明确的使命感，才使得这些企业取得了伟大的成就。

2001 年，马云在纽约受邀参加了克林顿夫妇的早餐会。在那次早餐会上，克林顿表示，美国无论是经济还是政治、军事在全世界都是一流的，

别把抱怨当习惯：
阿里巴巴给年轻人的14堂智慧课

没有可以模仿和借鉴的对象。而对于美国是依靠什么力量前进，并居于世界第一，克林顿表示：是使命感引导美国向前走。听到此番言论，马云豁然开朗，决定自己也要做一个有使命感的人，阿里巴巴要跟着使命感走！

下面是马云在自己员工大会上所发表的一段有关使命感的演讲：

"成为世界500强之一，成为世界最佳雇主之一，成为世界互联网公司三强之一，这是共同目标。为这个目标去努力工作，这是我乐意的，你不要说为老板工作。大家几千人为一个目标，为一个使命工作，大家维护这个价值观的时候，这个公司才能做得好。这不是一个理论，很多人刚进入阿里巴巴，觉得我们的价值观、使命感比较虚。但只要马云在一天，这就是一个天条。

"应该讲，我什么东西都可以容忍，但是背叛共同的目标和价值观不能容忍。很多公司尔虞我诈，导致很好的公司败掉了，这个我不会改变的。

"讲得严重一点，我将来的成功，都是要为价值观、使命感而战，这样才能做得好。往东走？往西走？我是负责人，需要我承担责任。这个错误谁干的？马云干的，拖出来。但我们肯定不能让公司危害社会，任何贪赃枉法的事情谁做谁一定进监狱去。"

可以说，正是拥有了使命感，才造就了马云，更造就了阿里巴巴的今天。使命感是年轻人的志向和追求，它体现了年轻人的觉悟和境界，是年轻人的精神世界和灵魂。而使命感可以决定眼界，年轻人的眼界就是其发展的边界。有多高的追求，就能看到多宽广的世界、多遥远的未来。如果以赚钱为使命，就只能看到自己的利益。如果以推动社会进步为使命，就能看到整个社会的发展趋势。

一个负有使命感的人，不会仅被利益牵着鼻子走，他一定有自己的理想，立足于有益于社会的理想。而且一个有使命感的人，往往也能提高自己所在团队的凝聚力，这些人不怨天、不怨地，引领这个团队向着一个既定的方向不断前进。

沙钢集团老总沈文荣一直十分专注于钢铁主业，也从来没有考虑过多元化经营。他经常讲的一句话就是:"你的事业在本行业做到了全国第一、世界第一了吗?你所从事的行业没有发展空间了吗?如果没有,你就应该坚持下去。因为对我来说,做事业不单是赚钱,还是一种使命。"

1988年底,当时的沙钢已经积累了5亿多元资金,有传言说其可以"坐吃10年"。然而,沈文荣还是决定把家底都砸进去,从英国比兹顿钢厂买下一条75吨超高功率电炉炼钢、连铸、连轧短流程生产线,生产螺纹钢。沈文荣的这种工作热情深深感染着他手下的员工,当时甚至有传闻说在沙钢里,"行政人员早上7点钟上班,工作到下午5点半"。沈文荣对此予以否认,但他也坦承:"加班在沙钢是件挺平常的事。"对沈文荣来说:"空闲时间打打高尔夫、游泳,和在车间里转转没什么两样,都是需要出力的事。"

也许,正是凭着这种对企业的使命感,沈文荣带领自己的下属一直奋斗到底,终于将沙钢集团打造成了全国最佳企业之一。

一个有使命感的年轻人,一定会清楚自己应该做什么,并且清楚如何将这种使命感贯穿到整个事业历程和人生历程。一个人的使命感是由人生所肩负的使命而产生的一种成功原动力。很多年轻人一谈到使命感就会觉得不可靠。但是,这是没有将使命感和现实结合起来造成的。所以我们必须要让自己的使命感变得更加真实,更加明确,更具有导向性。它既要给自己一个清晰的方向感,也要充满雄心壮志,让自己立志和践行某项伟大事业。同时,假如你是带领一群人,有自己的事业团队,那么在使命感形成时,务必让身边所有人积极参与进来进行讨论,鼓舞他们接纳你的理念,认同你设定的方向并且有效执行,让他们体会到你的使命属于他们的责任。

使命也就是做事情最深层次的目的。正是基于这一点,马云才会在公众场合不止一次向各位企业家发出告诫:"每一个企业都要承担社会责任,并把这个社会责任贯穿到企业的工作中。而企业的使命感不仅仅是统一思想、凝聚人心、统一行动、提高效率、减少交流成本、激发员工斗志的力量,更是企业的血液、基因和品格。"可以看出,年轻人有了使命感,事业才能更好,阿里巴巴给我们提供了最好的例证。

学会给团队注入激情

一个人的事业在不断前进与发展的过程中，总会不断有新鲜血液注入。然而对于那些跟随自己创业的伙伴，应当如何去帮助他们激发做事业的激情呢？

马云曾经说过："创业者的激情很重要，一个人的激情没有用，很多人的激情非常有用。如果你自己很有激情，但是你的团队没有激情，那一点用都没有，怎么让你的团队跟你一样充满激情地面对未来面对挑战，是极其关键的事情。"可见，马云对于保持团队的激情是非常重视的。

下面是马云在一次员工大会上，对公司老员工的一段演讲：

"我真的不希望看到老员工有暴发户的心态，先拿出100万看一看。很多暴发户每天把100万摸一摸。中国最先富起来的这帮人，没有一个活下来。你看最先买摩托车的有几个活下来的。就是暴发户的心态，没有持久的心态。

"我跟大家说，如果你们有三四百万、两三千万的收入，想拿这点钱做投资，你们去看看，中国有哪几家公司的业绩、行业、团队激情能跟阿里巴巴比，从组织、价值观、使命感来看，你能找到像阿里巴巴一样的公司吗？很少。你把这几百万投资于其他公司的股票会很惨，这个是你没有办法控制的，只有自己的公司才是最好的股票，阿里巴巴的股票是最好的，而阿里巴巴公司的控制权，就掌握在这个房间里面的人的手上。你们记住，你们影响到其他几千名员工。

"阿里巴巴的18个创始人，3年前、5年前，如果把股票卖给孙正义、卖给所有的股东，我们早就不用干活了。现在你们能感觉出他们是创始人吗？他们的努力并不比任何员工差。这些东西会感染你们，你们再感染新的员工，大家都会对公司有信心。"

有一句谚语说得好：一头狮子率领的绵羊队伍可以打败一头绵羊率领的狮子队伍。的确，领头人如果总是斗志昂扬，激情澎湃，那么通过耳濡目染、潜移默化，他带领的团队必然也会意气风发。因此，如果你想让一个团队保持持久的激情，就应该学会让自己先充满激情，因为自己的一言一行往往影响着整个团队。

在一些团队中，总有一些老员工以资历老为理由排斥新生力量，这时你就应该站出来适时调节，并且不时地将新鲜想法灌输到老员工的耳朵里。另外，对于一些非常顽固的老员工，你还可以采取竞争的方法，让新老员工全都参与进来，使用淘汰制度，这样不仅可以淘汰一部分"只占位置，不做实事"的老员工，还能让有活力、有激情、有能力的新员工得到提拔。

如何消除员工的职业倦怠感，让他们3年、5年、10年仍始终保持工作热情？这是南京航空很多一线带班长的"烦心事"。然而，经过高层管理人员的政策调整，现在老员工的热情不仅持续不减，而且有的还站在了一线。

南京航空的头等舱"天馨班组"共有26人，其中工作5年以上的8名，工作2年以下的13名。在运输服务部精细化管理活动中，一些管理人员发现一线老员工有经验却不同程度地产生倦怠感，而新人积极性高但工作中又往往无所适从。为了焕发老员工的工作热情，为新员工带好头，相关管理人员决定采取指定老员工带新员工的"一带一"做法，并要求老员工按照细化后的作业指导书，在带徒弟时自己首先做到，再让徒弟做到。"天馨班"班长说："'一带一'活动开展以来，无形中对老员工有了一种压力和约束，同时也激发了老员工的自尊心，在工作中有了一种新的'成就感'。"

假如你是一个团队的领头人，当然希望团队的工作积极性永远保持在最高点，但事实却并不如你所愿。为此，你可以根据团队人员的情况采取相应的岗位调整、赋予其新任务、加强培训等不同的方式来激活他们的积极性。

马云希望当自己到 70 岁时，还能和现在这帮做"阿里巴巴"的老家伙们站在桥边上，听到广播里说，"阿里巴巴"今年再度分红，股票继续往前冲。马云说："那时候的感觉才叫真正的成功。"

多关注团队成员的心理活动，激发团队成员更多的激情，点燃团队成员的活力，让每一个团队成员都成为团队不可缺少的一部分，这才是年轻人真正的成功。

要有一股疯劲，偏执才能成功

我们经常会听到这样的调侃："要成功，先发疯。"仔细想想，这句话不无道理。因为疯狂的人往往具有不妥协、不放弃的精神，他们认定的事，都会不管对错，执拗到底。也正是这种"不管对错"的执拗，屏蔽掉了"给自己找借口"的风险，坚持做下去的可能性就会更大。所以，只要给予正确引导，"疯狂的人"更容易成功。

阿里巴巴就需要这样的疯子，从某个角度说，阿里巴巴就是马云"疯狂"的结果。

马云曾说过这样一句话："只有你想不到的，没有马云办不到的。"其实，这里暗含了马云性格里疯狂的一面。正如朋友们给他取的两个绰号，一个是"疯子"，一个是"狂人"。

对于"疯子"这个称号，马云十分淡然。他说："我疯狂，但是绝不愚蠢。""狂妄"的马云常对阿里巴巴的员工说这样一句话："我是一个笨人，算，算不过别人；说，说不过别人，但是我成功了。我想，如果连我都能够成功的话，那我相信，80%的年轻人都能够成功……"马云的成功之路，一路上都在和"疯狂"做伴。

1995 年，当马云偶然接触过一次当时名为"因特耐特"的互联网之后，就"疯狂"地迷上了这个东西。于是，他决心要做一个这种叫做"因特耐特""邪乎"的东西。这时，很多人都认为他疯了，有朋友站出来反对说："这玩意儿太邪门了吧？政府还没有开始操作的东西，不是我们能够干的，也不是你马云能够干的，这需要好几千万美元呢！"

当时，正是马云在杭州电子工业学院春风得意的时候，但他还是没有听朋友们的"劝告"，"疯狂"地抛弃了一切，一头扎进了互联网。虽然，在成功途中经历了种种磨难，但他依然疯狂地坚持着自己的梦想。

1999年，在全世界的互联网企业都克隆美国模式，做门户网站，为20%的高端企业服务的时候，马云又别出心裁，选择了为中国80%的中小企业服务，并且还美其名曰："听说过捕龙虾富的，没听说过捕鲸富的。"于是，在众人的质疑声中，他创立了阿里巴巴。

马云在"赢在中国"中为一位选手点评时说："你的性格不适合当老板，因为你太儒雅。"其实，马云的言外之意就是，一个人要想成功，不能太过儒雅，必须要有点疯劲。

2003年，全球电子商务巨头eBay收购国内C2C老大易趣，实现了强强联合，准备独霸中国网拍市场。面对eBay这个全球电子商务的"巨无霸"，马云没有退缩。2003年5月，马云做出了一个大胆的决定：进军C2C，向eBay易趣挑战！

这一举措充分显示了马云"疯狂"的本性，因为他们根本就不在一个等级上，在别人眼中，这无疑是"蚍蜉撼大树——自不量力"。

听到马云的这个想法，阿里巴巴当时的首席技术官吴炯吓呆了："Jack，你疯了吗？我在雅虎跟eBay交锋了那么多年，输得口服心服，那是个非常可怕的巨人……"

然而，马云并没有被这个威胁吓到。2003年7月，阿里巴巴在上海、杭州、北京同时宣布：投资淘宝网，进军C2C领域！

马云这个决定的确是够"疯狂"，而且还不是一般的"疯狂"！后来，马云到美国华尔街做演讲，马云讲到淘宝的前景时，基金经理们的表情顿时"180度大转变"，甚至有位基金经理当场向马云喊了一句"eBay will win（eBay将赢）"就愤然离去。

最后的结果，却令吴炯和这位相信"eBay will win"的美国基金经理大跌眼镜：淘宝网在不到两年的时间内占领了中国 C2C 市场 70%的份额，而那个号称全球老大的"巨无霸"eBay，则选择了止损出局。

正如马云所说："我很疯狂，但是我不愚蠢。"马云的疯狂并不是那种得意忘形的疯狂，他的疯狂源于他的激情和强烈的市场意识。因为拥有眼光，所以对千变万化的信息能够反应迅速，并且能够根据实际情况进行大胆决策，再辅以周密的计划、灵活的处理方式，最终将设想转化为实际行动，这是马云能够成功的至关重要的一点。

敢想敢干，相信一切都有可能

对于大多数成功的企业家来说，世界上没有所谓"不可能"的事情，只要敢想，并且付诸于努力的行动，那就"一切皆有可能"。而对于一个年轻人来说，这种想法就是典型的"不靠谱"。因此那些成功人士在成功之前多被人称作"疯子""狂人"，但正如马云所说，被称作什么不重要，重要的是，做你认为正确的、有意义的事情。马云说："从第一天开始做互联网，我们被人家当作骗子，到后来当疯子，到今天别人把我们当狂人，我已经根本不在乎别人怎么看我了。在阿里巴巴，你是不是真正在做有意义的事情，这个很重要。"

2002 年，马云很低调地给阿里巴巴定的盈利目标是：赚 1 元钱。他对全体员工说：要赚 100 万元钱，谁都不知道该怎么去做；但要赚 1 元钱，谁都知道怎么去做。每个人都多做一个客户，对客户做好一点，让成本减少一点就可以了。2002 年，赚 1 元钱就实现目标，赚 2 元就超过了目标的 100%，赚 3 元就超过目标 200%……这就是可以预期的目标和可而望不可及的目标的区别。所谓志在蓝天，脚踏实地也是这个道理。2002 年 12 月底，经过阿里巴巴全体员工的努力，阿里巴巴终于实现了 1 元钱的盈利。

但在 2002 年的年终会议上，马云"狂"性大发，竟然提出了 2003 年的计划——阿里巴巴全年盈利 1 亿元。从 1 元到 1 亿元！有人站起来拍桌子说这根本不可能，马云纯粹是异想天开。然而，马云的个性是一旦下定决心，十头牛都拉不回头。

目标提出的同时，马云也相应地调整了阿里巴巴公司的组织结构，目的是使其变得更加灵敏和高效。在此之前，公司由事业部主导，设有工程部、销售部和网络部。调整之后，马云把这几个部门合并成为两个部门，一个做外贸，一个做内销。与之相对应的中国供应商和贸易通产品，也都改由配备专业的队伍及时跟进。另外，马云还在公司成立了一支针对大客户的直销队伍。这在许多互联网公司，基于有网站作为平台的理解，都忽略掉了。

剩下的问题是怎么让免费客户心甘情愿掏钱。阿里巴巴推出了专注于中小企业网上交易的中国供应商服务。中国供应商会员可以分享 50 万海外买家和进出口商的有关信息，阿里巴巴帮助中国企业出口，参与全球化竞争。企业想做国际贸易，阿里巴巴协助在国际网站推广，服务费从 2 万元到 6 万元，按照一定的比例相应地提高价位。

2003 年，如马云所料，阿里巴巴轻松完成了 1 亿元的盈利，阿里巴巴报告日收入 100 万元。在所有收入中，主要来源是中国供应商会员服务费和诚信通会员服务费，前者占 70% 的收入，诚信通的收入占到 20% 多，其他为广告收入占到 2%～3%。

实际上，马云对外宣称的这些数字，都是通过财务统计过的，绝不是他信口雌黄。阿里巴巴单日赢利 100 万元的目标，其实早在 2003 年 7 月就已经单月实现了。而他在公众面前夸下的海口，也都是公司内部正在执行的目标。"虽然我们没上市，但是我们的财务体系非常规范。"阿里巴巴的 CFO 蔡崇信说。

在 2003 年年终会议上，马云又抛出了一个听上去更疯狂的目标：2004 年，我们要实现每天盈利 100 万元；2005 年，我们要每天缴税 100 万元。每天盈利 100 万元！这再次引起了阿里巴巴管理层的轩然大波。反对的声音更激烈，马云充耳不闻。他仿佛是上帝的宠儿，一切都稳稳当当地掌握在手里。2004 年，阿里巴巴再次实现了马云的梦想，马云再次征服了他的部下，让当初的不可能变成了可能。

　　成功学家拿破仑·希尔年轻的时候，抱着成为一名作家的理想，为实现这个梦想，他知道自己必须精于遣词造句，而字就是他的工具。但是，由于家境贫穷，希尔接受的教育并不完整，因此，"善意的朋友"就告诉他，说他的雄心是"不可能"实现的。

　　年轻的希尔并没有放弃，反而更加立志实现雄心壮志，他存钱买了一本最好、最完整、最漂亮的字典，他所需要的字都在这本字典里面，而他立志要完全了解、掌握和运用这些字。但是他首先却做了一件非常奇特的事情，他找到"不可能"（impossible）这个词，用小剪刀把它剪下来，然后丢掉。于是他有了一本没有"不可能"一词的字典。此后，他把所有的事都建立在这个前提下，对一个渴望成长、想超越别人的人来说，没有什么事是"不可能"的。

　　当然，不建议你也从你的字典中把"不可能"这3个字剪掉，只是建议你从你的头脑中把这个观念铲除掉。谈话中不要提到它，想法中要排除它，态度中要去除掉它。无情地抛弃"不可能"，不再为它提供各种理由，不再为它寻找各种借口。把这个字和这个观念永远抛开，用光明灿烂的"可能"（possible）来代替它。而"可能"这个词的意思也就是——你认为你行，你就行。

　　同样的，在马云眼里，在阿里巴巴所有人眼里，世间没有绝对的"不可能"，只要自己认真去做，"不可能"就会变成"我是可能的"。所以，年轻人一定要有"一切皆有可能"的意识，这样才会有成功的未来。

第 03 课
笑对逆境：把失败当作垫脚石

很多人都羡慕马云的成功，在他们看来，马云整天不用做什么事情，动动嘴，就会有人把一切都处理好。然而，他们只看到了成功的马云在享受成果时光鲜的一面，却忽略了他在商海里打拼时的惊心动魄。所以，马云说："永远记住每次成功都可能导致你的失败，每次失败后好好接受教训，也许就会走向成功。"

第03课　笑对逆境：把失败当作垫脚石

把逆境看成是上帝的礼物

不可否认，人们面对逆境的选择是殊异的。懦弱的人面对困难时畏畏缩缩，坚强的人面对困难时勇往直前。这就是成功者和失败者的区别：逃避困难终究一事无成，迎难而上最终获得辉煌的人生。所以，人不应该抱怨逆境，而应把逆境看成是上帝的礼物。

马云初中升高中时，连考2次都名落孙山，最大的原因就是数学太差。马云自嘲说："这其中的原因，也许与脑袋太小有些关系……我大愚若智，其实很笨，脑子这么小，只能一个一个地想问题，你连提3个问题，我就消化不了。"

18岁那年，马云第一次参加高考，在报考志愿表上填了让自己无比自豪的4个大字：北京大学。结果，那一年他的数学只考了1分。落榜后的马云觉得自己根本不是上大学的料，也没那个好命。

马云是个闲不住的人，考完试后，他准备找个零活赚点钱。他和表弟去西湖边一家宾馆应聘，想做个端盘子、洗碗的服务生。结果，表弟被顺利录用了，他却被拒绝了。理由很简单：个儿矮、又瘦、长相难看。无奈之下，马云只好去寻找那些不要求长相好看只要求有力气就行的活儿干。通过父亲的关系，他找了家杂志社，为他们打零工。

在那些辛苦的日子里，马云显得很迷惘：自己的未来是什么样的？能成为什么样的人呢？要这样浑浑噩噩地过一辈子吗？

经过一番思考之后，马云下定决心：再战高考！于是，在他19岁那年，信心十足的马云再次走进高考的考场。那一次，他的数学考了19分。但是他并没有气馁，一边打工，一边复习。20岁那年，马云准备参加第三次高考。考数学的那天早上，马云一直在背几个基本的数学公式。考试时，马云就用这几个公式一个一个地套。那一次，他的数学考了79分。

别把抱怨当习惯：
阿里巴巴给年轻人的14堂智慧课

高考成绩出来后，马云知道，自己即将跨入大学校门了。不过，若以总分计算，他的成绩只能上专科。就在马云准备进杭州师范学院读专科时，令人惊喜的事发生了。由于杭州师范学院的英语专业刚刚升级到本科不久，当年的本科专业居然出现了报考人数少于计划招生人数的情况。于是，为了完成计划，外语系的领导们破例制定了让部分成绩优秀的专科生"直升"本科的特殊政策。就这样，在专科生里英语成绩最好的马云，幸运地被调配到了本科专业。

就这样，马云跨进了大学的校门。入学后不久，马云就参加了学生会。之后他当选为杭州师范学院的学生会主席，再过不久，他又登上了杭州市学联主席的位置。

人们往往会羡慕现在的马云，却很少有人留意他的苦难经历。马云就像一个含珠的蚌，忍受了沙砾的磨砺之后，才凝成光彩夺目的珍珠。

逆境生活是一部深奥丰富的人生教科书。它吞噬意志薄弱的失败者，却常常造就毅力超群的成功者。

司马迁"辱受宫刑而不辞"，发愤立说终于写成《史记》这样的旷世之作。贝多芬的数部交响曲都是用理智战胜情感，甚至忍受着失恋的伤痛，靠着对事业追求不息的生命支撑点谱写而成的。安徒生一贫如洗，全家睡在一个搁棺材的木架上，他也常常流浪在哥本哈根的街头巷尾，但却成为世界文坛的名流豪杰。英国物理学家法拉第出身贫寒，当过学徒卖过报，吃上顿少下顿，但却百折不挠，发现了电磁感应定律，为人类敲开了电气时代的大门。

可见，在人类历史的长河中，具有"坦途在前，人何必因为一点小障碍而不走路"这样的豪迈气概，为科学和文明做出贡献的先驱者可谓满目皆是，翻览即见。

逆境可以使人产生清醒的自我意识。年轻人对自我的行为进行反思往往需要时间与环境。在逆境中，有些人常常能"冷眼看世界"，相对比较冷静，会比较客观地分析自己的利弊长短、成败得失、优势和不足，并能够在较短的时间里选定聚焦突破的方向。已经支付了的"学费"比较容易转化成对生活理解的真知灼见。因此，逆境是上帝赐予年轻人的一件礼物，它给予我们力量和勇气。

逆境能培养年轻人难能可贵的意志力量。长期的逆境生活可以锤炼年轻人的精神品质，培育出耐心、恒心、韧性和悟性。在人生的搏击中，年轻人的毅力往往比智力更宝贵。

让挫折成为你成功的垫脚石

懦弱者往往会屈服于逆境，但对于强者来说，逆境和挫折会成为激发自己潜能的力量。所谓"艰难困苦，玉汝于成"，只有在逆境中不气馁、敢于拼搏、奋勇当先的人，才能开辟出通往胜利的道路。马云就是这样的人，从翻译社到阿里巴巴，他之所以成功，就是他能让挫折成为自己成功的垫脚石。

1997年，马云不得不和杭州电信分道扬镳，放弃了自己的中国黄页。带着并不一帆风顺的经历，内心无比悲愤的马云离开了重组后的中国黄页。这是马云职业生涯中的第一次失败。

马云遭遇了人生中第一次重大挫折，但他从不因失败而掉泪，他承受的各种白眼和闭门羹难以计数。"这些事太多太多。每次打击，只要你扛过来了，就会变得更加坚强。我又想，通常期望越高，失望越大，所以我总是想明天一定会有更倒霉的事情发生，那么明天真的有打击来了，我就不会害怕了。你除了重重地打击我，又能怎样？来吧，我都扛得住。抗打击能力强了，真正的信心也就有了……所以我现在最欣赏两句话：一句是丘吉尔先生对遭受重创的英国公众讲的话：Never never never give up（永不放弃！）另一句就是，'满怀信心地上路，远胜过到达目的地'。"

马云从摔倒之处爬起来，舔干血迹重新上路了。1997年，当马云离开

别把抱怨当习惯：
阿里巴巴给年轻人的14堂智慧课

中国黄页时，外经贸部对马云说："到北京来吧，来这儿你能干得更好！"

为了能挖到马云，外经贸部提供了优厚的条件，给中国国际电子商务中心提供200万元的启动资金，并承诺给马云团队30%的股份。马云团队主要负责开发外经贸部官方网站（大内网），也是当初马云受邀的主要任务。对于大内网的设想，马云一开始并不同意，但最终还是屈从于官方的意志，硬着头皮做起来了。

马云手下的12个人，个个身怀绝技，有几个人还是在网络江湖摔打了好几年。因此，做网站开发对他们来说已是轻车熟路，何况这帮人在中国黄页时就积累了丰富的开发经验。在大家"一不怕苦，二不怕累"的劲头下，公司经营得轰轰烈烈。

但随着时间的推移，无论是处理问题的方式，还是思考问题的角度，马云都觉得自己与那些政府官员们"缺少共同语言"，如果仅仅是感到"不爽"倒也能忍，问题在于，他为那些和自己一起北上的伙伴们感到不平。所有的委屈、痛苦与无奈，全在这一刻如暴雨般倾泻而出，忍辱负重的马云，已经压抑得太久太久了……

一个寒风凌厉的冬夜，北京外经贸部东郊潘家园。一贯有着顽童般纯真笑脸的马云召集了团队成员，说有事要宣布。在所有人都到齐了以后，马云一脸严肃地看着大家，以平时极为罕见的平和语调说了一句话："我近来身体不太好，打算回杭州了。"话音一落，刚才还在叽叽喳喳的人们，同时张大了嘴巴、瞪大了眼睛，有如见到外星人一般，直勾勾地凝视着他。

5分钟后，所有的人做出了一致决定：一起回杭州，重新开始！那一刻，一向坚强的马云流泪了，他感到一股暖流在身上涌动。也就是那一刻，马云对自己说："朋友没有对不起我，我也永远不能做对不起朋友的事情！我们回去，从头开始，从零开始，建一个我们这一辈子都不会后悔的公司。"在离开北京前的最后一个晚上，马云和这十几个年轻人聚在北京的一个小酒馆大碗喝酒，大块吃肉，一起抱头痛哭，最后唱起了《真心英雄》。许多年以后，这首歌伴随着阿里人度过了许多危难的时期，比如第一次互联网低潮，比如"非典"。只要阿里人一听到这首歌，每个人的心头都会掠过一幕幕的镜头，那首歌也许代表了阿里巴巴的一种精神。无论是谁,只要是阿里人,在最困难的时候只要一听到这首歌,心中就会立刻充满感动、充满希望。这是1999年,这是马云遭逢人生的第二次创业失败。然而马云在失败面前从不气馁。无巧不成书,丁磊带着他的网易北上之日便是马云带着自己的队伍南归杭州之时。

人生总会遇到种种曲折和坎坷,如事业上的挫折、生活中的艰辛、失足的懊悔,还有嫉妒和压抑等等。没有困难的环境是不存在的。任何成功都是战胜困难而取得的,要想不经过艰难困苦,不付出极大努力,轻而易举取得成功,乃是痴心妄想。

人人喜欢成功而害怕失败,一旦失败就会表现出一幅愁眉不展的样子。实际上,失败并不可怕,关键是对待失败的态度是怎样的,承认失败的客观性,并不是消极地被失败所左右。我们会失败,要不是我们的方向错了就是我们的方法错了,从失败中总结教训,被一块石头绊倒后,再面对另一块石头时,找到正确的应对措施。多犯一些错误后,我们就应该离成功更近了。换而言之,也就是说正确面对失败,失败就会成为成功的基础。

在人生历程中,年轻人一定要意识到:逆境和挫折不是人生的拦路虎,要善于利用逆境,利用种种挫折与失败来驱使自己更上一层楼。

只有摆脱抱怨,才能拥抱生活

那些没有思想、愚昧无知的人只会注意事物的表面,他们不会去关注事物的本质,因为他们认为一切都是运气、命运和机遇造就的。看到富有的人,他们会说:"他是多么走运啊!"看到知识渊博的人,他们会高呼:"命运是多么眷顾他呀!"看到具有圣徒般高尚品质的人,他们则会说:"在他需要的时刻,机遇总是能助他一臂之力。"这些人不会看到成功的人曾经历过的苦难与挫折;这些人更不会看到成功的人所付出的努力,所执着的信念，所做出的牺牲，所进行的奋斗。他们不会在意黑暗与痛苦，只会仅仅盯着光明与快乐，并将其称之为"运气"；他们看不到长期艰苦的旅程，只在乎令人愉悦的目的地，并将其称之为"福气"；他们不懂得过程，只注重结果，并将其称之为"机遇"。

人获得的一切成功都是自己努力的结果，机遇无法衡量一个人努力的程度，能衡量努力程度的只有结果。天赋、力量、智慧、物质和精神财富都是努力的结果。

成功者不应该是哀诉者，他可能会向自己提出挑战，但是如果他被视为爱抱怨的人，这就使他很难做一个成功者了。因为这种消极的态度只会让自己士气低落，人生颓唐不堪。

在马云的前37年里，他的人生可能只充斥着两个字：失败。然而37岁之后，他突然飞黄腾达了，秘诀只有4个字：永不抱怨。

2010年，对于中国当前的商业环境所存在的问题，马云在接受媒体采访时说："今年发生了富士康事件、国美事件、360和腾讯事件。我们每个人在想什么呢？我们天天想的是打败竞争对手，整个社会非常浮躁。"

对于已经存在的商业环境和人们的心态，马云认为：我们需要不断地研究自己的姿态和做事方法。他说："我相信心态不好，姿态一定不好，心态和姿态不好的话，整个生态会越来越差。也许我们应该停下来做些事情，思考如何把自己的心态调整好，如何把自己的姿态做得更好，如何保持商业的生态。比如互联网，不是消灭谁，而是完善谁。"

有人说马云的成功是因为他善于抓住机遇。但是抓住了机遇还要能够坚持下去才会成功，要能够经受住冬天的考验，经受住失败的打击，否则，就是有再好的机遇，也不会成功。马云从创业开始，一直以来所遭遇的艰难与残酷打击不计其数，但是马云却没有一丝抱怨，面对命运，他始终以一副坦然之态来应对，最终带领阿里巴巴走向了成功。

无论是在工作中还是生活中，每个人都会遇到不顺利的事情，都会有心情郁闷的时候，如果让这种心情任意发展下去，将自己囚禁其中，郁闷的程度会越来越厉害，不仅于事无补，还会衍生出新的烦恼。

第03课　笑对逆境：把失败当作垫脚石

通用汽车公司CEO丹·艾克森是通用汽车在联邦政府监管下运营以来的第三位CEO。可是一上任，艾克森便发现公司过去的管理制度存在很大的问题，而且他所面临的是一个烂摊子。面对这种情景，埃克森决定全力解决公司过去存在的问题。

当时联邦所有权限制了通用汽车高管的薪酬，这大大影响了公司招聘顶尖高管的能力。这意味着通用公司在其股票价格上涨之前，政府不可能放松对通用汽车公司的控制，否则，美国的纳税人将会在紧急救助中蒙受损失。对于政府的这种控制，艾克森感到非常烦恼。他甚至对《纽约时报》的比尔·维拉斯克说："我努力不让这件事情打扰我，但事实上这件事情确实令我烦恼。"

通用汽车公司如何解决转型问题是艾克森的工作，而且这也是他应该在公众评论方面关注的重点问题。然而，艾克森公然的这句"烦恼"一经传出就让通用公司的员工士气大大下降。

可见，不管一个人的能力有多强，在做事的过程中一旦遇到困难、挫折，也会怨自己机遇不好、没有人支持、资金不足等，整日生活在闷闷不乐当中。

作为年轻人，不仅要对关心你的人负责，更要对自己的行为负责。当面对逆境的时候，要勇于挑战，把注意力放在解决问题的行动上，不要总是抱怨连连。

通常情况下，那些不敢担当，满腹牢骚的年轻人往往得不到很好的成长，而且自身的发展格局也会越来越小。因为遇到问题，如果只是抱怨，不能冷静地分析形势，调整心态，就会在抱怨的误区中越陷越深，情况就会变得愈加糟糕。我们应该懂得，一个积极的想法，一个果断的行动，比毫无意义的抱怨有用得多。

无论多难，都乐观地看待这个世界

有人曾经问马云，对于人身上的品质，他最喜欢的是哪一点。马云回答说："乐观地看待这个世界。"在阿里巴巴发展最为艰难的时期，马云与他的团队依然保持着乐观的态度，从不抱怨命运的不公。他说："商业不外乎智慧、希望及勇气。这些都是经商的必要技巧。遇到问题时，我习惯用左手温暖右手。不断地告诉自己，没关系，我还是我，我还在学习成长，一切都会好的，至少我还活着。"

2001年，受世界经济衰退及IT泡沫破灭的影响，中国的互联网行业跌入低谷。这一时期，一些知名的网络公司，例如新浪、网易的处境都很艰难，8848网站甚至被法院查封，而一些还未成气候的公司也大批大批地死掉了。

在这样艰难的境况下，马云相信，人总是需要有些狂热的梦想鼓舞，做阿里巴巴不是因为它有一眼可见的前景，而是因为它是一个不可知的巨大梦想。

2002年是网络泡沫破灭最为严重的时期，马云将阿里巴巴当年的发展主题定位为"活着"，他希望公司员工坚持下去，等待春天的到来。就在这个时候，他们收到了很多小企业客户的感谢信，信上写着：阿里巴巴，因为你们，我们拿到了订单，招到了新的员工，扩大了公司规模。马云说："这让我觉得，假如今天我能帮10家小企业，将来就能帮100家，未来还有10万家在等着，这个市场一定存在。"同年底，阿里巴巴不仅奇迹般地活了下来，并且还实现了盈利。

曾经领导美国通用汽车公司创下不凡业绩的瓦尔纳，在金融危机中迫于"不能领导通用汽车摆脱逆境"的压力而黯然辞去总裁一职。瓦尔纳的离去让人们注意到一种现象：一个人顺风顺水的时候，工作和事业往往都是做得心应手的时候，但是，一旦当面对逆境时，就会判断失误、信心不足，陷入所谓的"厄运"，最终导致失败。

对于人生所遇到的困难，联想集团董事长柳传志曾这样说道："真正要做一番大事业，觉得这样的人生才有意义的人，就要有坚定的目标和坚忍不拔的毅力，克服前进道路上的千辛万苦。事实上，整个社会也正是靠这样一些人在带动前进的。比如说邓小平，如果当年受了批判后，他就隐退不言语了，那么就没有今天的改革开放，就没有今天中国大局势的变化。他就是这种大英雄，这种大英雄造福于无数人，造福于一个历史阶段。"

汤姆·莫纳根是美国著名的达美乐餐馆连锁店的总经理。刚开始经商时，莫纳根运气并不好，经常失败。1960年，当生意变得越来越糟糕时，他和哥哥的合作瓦解了。汤姆承认那是一个挫折。同年，汤姆和合伙人开了几家饼店，但所有的店都在汤姆名下，新合伙人隐名。不幸的是，合伙破产了，汤姆为对方背了一身的债务。在遭遇连续失败与陷入困境的情况下，汤姆并没有倒下，而是坚定希望从头开始。

第二年，汤姆偿清了债务，还赚了5万美元。可是好景不长，一场大火烧毁了他的店。达美乐几乎破产，这个时候的汤姆依然没有被挫折吓倒，而是尽量削减开支，想尽一切办法来弥补火灾造成的损失。就这样，汤姆又一次开饼店。1967年4月，第一家达美乐授权专营店开业，然而汤姆的店由于扩张太快，管理比较混乱，资金投放错误，在随后的日子里，饼店资金短缺，整个达美乐陷入了财政危机。

在接下来的几年中，汤姆吸取教训，慢慢恢复生意，一笔笔偿还了债务。在萌芽中的比萨饼竞争中，他努力经营着达美乐，千方百计满足顾客需求，并且还首先开拓了上门服务，这使达美乐名声大噪。皇天不负苦心人，公司终于获得了丰厚的利润，而他本人也因此成为美国最富有的人之一。

年轻人在面对逆境和挑战时，能够看透问题的真相与大势，果断勇敢地采取行动扭转局势的能力叫做逆转力。而具有非凡能力和智慧，不仅能在顺境中脱颖而出，在面对困境时也能表现出惊人的"逆转力"。

面对困难，我们首先要时刻关注不确定情况并坦然接受即将到来的变化，只有这样，才能保持清醒的头脑和良好的心态，顺利地获得自己想要的成功。所以，逆境是一所"学堂"，它教会强者如何成长，弱者如何生存。志向高远的年轻人面对困境不应沮丧彷徨，而应像马云一样，用左手温暖右手，从容地微笑，保持淡定的心态。

你要创业，就要接受所有严酷的敲打

"如果你没有在创业路上摔 100 个跟头的准备，你不要创业；如果你没有无数次被拒绝甚至被嘲讽的准备，你不要创业；如果你没有做好'被全世界人抛弃'的准备，你不要创业。所以，创业路上，苦难是我们最好的朋友。"这是马云在历经坎坷，备尝失败与艰辛困苦之后的真情总结。

年轻人知识的成长可以通过学习、别人的教授而获得，但心灵的成长必须通过自己历经磨难才可以得到。几乎每一个成功的人背后都是有故事的，而每一个真正能够打动人的故事，都和苦难有关。他们的成功之道莫过于：接受命运所有严酷的敲打与考验。

我们大家所熟悉的松下电器，如今已经是世界上的巨型企业之一，然而，它的发展也不是一帆风顺的，它曾经多次遭遇失败。但是凭着坚忍不拔、永不认输的精神，最终一步步发展到今天。

当初，松下幸之助在刚开始创办公司时，正值电器行业开始发展的时候，他凭着直觉判断并认真地分析，研究出了一款非常新颖，而且刚刚在家用电器市场上出现的电源插座，然而这款电源插座并不畅销，他失败了。在失败中，他知道了创业的艰难。

1923 年，松下幸之助又研制了一种自行车电池灯。当时市场上的自行车电池灯只能用两三个小时，而松下发明的电池却能持续不断地照明3050个小时。然而，不幸的是，由于过去电池灯质量普遍低劣，批发商并不相信有可靠的质量保证，因此也拒绝销售松下公司的电池灯。对于开发商的拒绝，松下幸之助只能再次凭借自己一贯的韧性继续拼搏。

松下认定这种灯会受欢迎，因此决定投入大量资金生产。并且生产了几千个样品灯，免费为客户安装。因为这些灯品质优越，而且新颖，因此很快便成了市场上最炙手可热的商品，松下成功了。

诚然，一个人在刚刚受到某些打击的时候，是会格外消沉的。在那个时候，你会觉得你简直不想爬起来了，或者觉得自己已经完全没有力气爬起来了，然而这只是一个过渡期。

正如松下幸之助说过的那样："逆境给人宝贵的磨炼机会。只有经得起逆境考验的人，才能算是真正的强者，尤其是在商战中。"但遗憾的是，很多年轻人总是在幻想自己成功的一天是什么样子，怎么将手中的事业做大，却忽视了自己的人生可能会遇到的种种问题，不可避免地走向了失败。

马云曾经说要为阿里巴巴出一本书，在书中记录下阿里巴巴曾经犯过的所有错误。这些错误，任何人听了都会笑着说"那时候我也犯过这种错误"。在创建阿里巴巴时，马云经历了很多困难，但最终他都一一战胜了。2001年全球互联网"寒冬"的时候，美国纳斯达克市场持续下跌，全球网络泡沫逐渐破灭，国内大批的IT企业都倒下去了，阿里巴巴这个本身就"年幼体弱"的小公司更是遭遇了很大的打击。但马云始终认定只要自己永不言弃就会有希望，于是阿里巴巴以"赢利一元钱"为目标"活了下来"。

马云回首自己的创业经历时说："从创业的第一天起就要有这样的心理准备：每天要思考自己未来的10年、20年要面对什么。要记住，你碰到的倒霉的事情，在这几十年遇到的困难中，只不过是很小的一部分。创业的过程中虽然有很多痛苦，但只要克服了这些困难，你就会获得最终的成功。到时候你就会说：我奋斗过了，我得到了快乐。"

如今很多人看到的都是阿里巴巴光辉灿烂的一面，其实马云与他的团队在创业的过程中时时刻刻都面临着巨大的挑战和失败。只不过，马云很好地控制住了自己的心境，随时以最坚韧的心去迎接所有的磨难，没有丝毫的抱怨。

年轻人如果没有足够的抗打击能力、抗失败能力、承受各种挫折和委屈的能力，断然不会脱颖而出。正如松下幸之助所言：人的一生，或多或少，难免有浮沉，不会永远如旭日东升，也不会永远痛苦潦倒。因此，作为一个年轻人，你必须以率直、谦逊的态度，乐观地向前，始终把面对失败、困难当成成功路上的最佳磨练。

第 04 课

注重口碑：名声是事业的宝贵资产

在某种程度上，广泛的社会资源、良好的社会关系的确可以提高人们的办事效率和成功几率。然而，在马云看来，如果一味地追求靠关系，而不注重信誉和产品质量，那么最后自己必将葬送于对关系的依赖中。所以，马云说："好口碑绝对不是为了销售，更不是一种高深空洞的理念，它是实实在在的言出必行、点点滴滴的细节。"

聪明的人往往先去推销自己

人活着就是在推销，每个人无时不在推销着世界上最伟大的产品——自己。这是一种特殊的产品营销方式，就像演员要向观众推销自己的表演才华，销售员要向客户推销自己的产品优势，求职者要向主考官推销自己的能力和专长。在我们的身边，无时无刻不存在着各种营销技巧，而在这其中，推销自己是一门最有价值的艺术，只要掌握了其中的策略和技巧，就能把自己的意图、知识、优点、服务、人格魅力等推销给别人，达到博取对方的理解、好感和支持的目的，从而顺利取得自己想要的成功。

好口碑需要经营，更需要推销自己。无论是在人生的路上还是在事业竞争的路上，我们都需要学会推销自己，走自己想走的路，做自己想做的人。只有推销好了自己，自己有了名气，才能让人更相信自己所从事的事业。

当今社会，已经有越来越多的个人开始注重经营自己，推销自己。当一个人有了名气之后，做起事情来就容易多了。

马云就是一个很好的自我推销员，他在塑造品牌、自我宣传、鼓舞人心方面似乎有着天生的优势。马云的自信心指数，是一个优秀的商业领袖所需的最佳水平，他充满自信但绝对不自负。马云的成功是真正经历过风雨考验的，成功之后，马云却没有鼓吹自己，而是很坦诚地说："如果我马云能够创业成功，那么我相信中国80%的年轻人都能创业成功。"也正是这句话让我们看到了这位电商大亨谦虚的一面，同时也让我们不得不佩服马云的成熟。

马云不仅会宣传自己，而且还善于感染别人。这一点从他能够说服创

别把抱怨当习惯：
阿里巴巴给年轻人的14堂智慧课

业时期的"十八罗汉"与他共同熬过寒冬，甚至在寒冬时还能吸引更多的外部优秀人才加入阿里巴巴上就能够看得出来。台湾人蔡崇信是一家全球著名的风险投资公司驻亚洲代表，到杭州洽谈投资事宜的时候，在与马云一番推心置腹的交谈之后，蔡崇信竟然要加入这个当时月薪只有500元人民币的阿里巴巴。仅此一事，马云的自我宣传能力可见一斑。后来蔡崇信的妻子甚至还告诉马云："如果我不同意他加入，他一辈子都不会原谅我。"这也许就是马云的魅力所在。

自信而不自负的马云在创业的过程中表现出了极强的社交能力，阿里巴巴之所以能够成功，绝对离不开马云的知名度，无论是"西湖论剑"还是"网商大会"，都是马云用来推销自己的舞台。2000年，马云更是请来名人金庸老前辈为其穿针引线，在"江湖"上"广发英雄帖"，而当时中国互联网最具人气的风云人物——新浪王志东、网易丁磊、搜狐张朝阳等人都纷纷赶来赴约，他们在如诗如画的西湖边共商互联网的发展对策，由此发展成为了互联网界一年一度的"西湖论剑"。除了这一行业顶级人物的聚会以外，马云还凭借自己的人格魅力成功发起了"网商大会"，这更是将各路江湖英雄每年聚拢在阿里巴巴的周围。

由此可见，如果没有马云，阿里巴巴很难有今天的地位。马云虽然在专业知识上不如当时很多的业内专业人士，但是马云拥有别人都没有的名声，这就是马云在进行不懈的自我宣传之后取得的成果。市场是不断竞争的，有名字才会有竞争力，马云正是看到了这一点，才会特别专注于自我推销。

其实在进行自我推销的时候，最为关键的就是要给人一个良好的第一印象——这也是自我推销的目的所在。我们都知道，很多时候如果我们没有时间与一些人产生过多的交往，常常就会凭借此人给自己的第一印象来判断此人的品行。所以，自我推销最重要的就是走好第一步，我们可以充分地利用自己给别人的第一印象来帮助我们完成漂亮的自我推销。

要给人一个良好的第一印象首先就要从小处着手，待人接物时要面带微笑，这样可以获得热情、善良、友好，诚挚的印象；其次还要注意自己的着装整洁，给人留下严谨、自爱、有修养的第一印象；再者就是要注意自己的言谈、举止、礼仪等行为表情习惯。只有给人一个好的印象，人们才愿意细听你所做的自我宣传，才更愿意相信你所说的你的优势，如此一来才更容易起到事半功倍的最佳效果。否则人们对你的诚信度会大打折扣。

微信、微博、博客、QQ 空间等社交平台都是一些适合推销自己的热门网络方法，随着信息时代的到来，网络也为我们准备好了一个适合展示自己的舞台，但是，要想在这个舞台上出色地推销自己，并不是一件容易的事。推销自己需要把握一个度，不能过度地抬高自己，也不能没有自信。在推销自己的过程中，我们所发表的观点和文章一定要中肯、诚恳，这样才能以最真挚的情感打动别人，才能在别人的心目中树立一个好的形象，我们的社交平台才能获得更多人的关注，获得更多的点击率。这样，才能走出推销自己的第一步。

打造好的口碑最重要的就是先学会推销自己，因为只有这样才能让别人记住自己，这将是迈向成功的第一步。所以，年轻人要积极做好自我推销，利用蝴蝶效应，扩大自己的知名度。

做企业从取一个响亮的名字开始

对于一个企业来说，一个响亮、简练、准确、新颖的名字既是企业的招牌，也是企业品牌战略的重要组成部分。所以，日本著名电器制造商索尼公司创始人盛田昭夫曾说过一句名言："取一个响亮的名字，以便引起顾客美好的联想，提高产品的知名度与竞争力。"好的名字，不仅会给人留下好的印象，还可以让消费者将其与竞争对手的产品或服务区别开来，可以说企业商标的名称非常重要。

马云在创立阿里巴巴之前就曾说过:"一定要给公司起个让全世界都能记得住的好名字。"刚创建网站时,马云认为未来的公司应该具有俯瞰世界的眼光和气魄,所以名字也应该是响亮的、国际化的。然而为了给网站起个好名字,马云思考了很久。

直到有一次,马云去美国出差,在餐厅吃饭的时候,他突然想到,互联网就像一个无穷的宝藏,正等着人们去发掘,这与《一千零一夜》中"阿里巴巴"的故事似乎有着异曲同工之妙。故事中,善良的阿里巴巴凭着一句"芝麻开门"打开了通往财富的大门,而马云他们的宗旨是要为商人们敲开财富的大门。想到这里,马云很兴奋。

马云找来餐厅的侍应生,问他是否知道阿里巴巴这个名字。接着马云又问了很多人,从美国人到印度人,只要懂英语,几乎都能拼出阿里巴巴的名字。而且,不论语种,发音也近乎一致。就这样,一锤定音,马云将阿里巴巴确定为公司的名字。

可是,当马云兴高采烈地去注册域名时,却被告知"阿里巴巴"已经名花有主了。虽然当时马云手中只有50万元创业资本,但是他却毫不犹豫花费了1万美元从那个加拿大人手中买回了阿里巴巴的域名。更有趣的是,有着理想主义的马云同时将alimamah和aliba域名注册下来。他说:"阿里爸爸、阿里妈妈、阿里贝贝本来就应该是一家。"

成立一个公司,不单单是取个名字那么简单。实际上,因为给企业命名涉及到"品牌命名",是一种高难度的思考过程,是以后事业定位深入过程的开始。这个命名的过程是一个将市场、定位、形象、情感、价值等转化为营销力量并启动市场定位与竞争的过程。

所以年轻人要明白,给自己的企业命名,都不是随意的一个简要记号。它是能够强化定位,并且参与竞争,而且还以其可能隐含的形象价值"使某一品牌获得持久的市场优势"的。这便是企业名称价值的真正所在。

第04课 注重口碑：名声是事业的宝贵资产

企业的销售是要靠"名"，"名"是市场之魂。例如在国外，有很多公司都很重视产品名称的设计，有些企业甚至不惜花重金来设计品牌，根据风水来设计名字。

位于美国新泽西州的标准石油公司，曾经为了给产品创造出一个能够通行于全世界、能够为全世界消费者所接受的品牌名称及标志，动用了心理学、社会学、语言学、统计学等各方面专家历时6年，耗资1.6亿美元，先后调查了55个国家和地区的风俗习惯，对约1万个预选方案经筛选，最后定名为EXXON，堪称是世界最昂贵的品牌。

事业依靠名字可以一夜暴富，也可能瞬间死亡，这在很大程度上可以解释为核心竞争力的缺乏。既然名字对事业这么重要，那么怎样才算一个好名称呢？

首先，名字要贴切易懂。一个企业做的是什么产品，客户一看名字就能知道其代表的意义。例如，以软件闻名的微软，以清洁起家的宝洁，还有以专卖婴幼儿生活用品为主的红孩儿，等等。这些名字简单明了，让人一看就能知道它的用途，而且企业的性质也能完全显现出来。

其次，企业名称还要易读易记，让人读了最好一次就记住。比如中华香烟，红旗轿车，北京晚报，娃哈哈，旺旺雪饼和太太口服液这些不仅易读易记，还给人一种亲切感。

最后，好的企业名称还要有时代感，要引领时代就要与时俱进。如可口可乐，它是可乐的代名词，也是这个时代最为流行、最为广泛的品牌，使它在世界的饮料业树立了良好的品牌形象。

可见，名字不单纯是一个符号，在其背后有着思想的寓意、文化的背景、理想的存在。年轻人如若能一开始便为企业定好位，并且赋予企业一个内涵丰富、寓意深刻的名字，必然能够迎来"开门红"。

诚信才是阿里巴巴最大的财富

一项许诺通常容易把人与人的关系变成物与物的关系,即把以情感为纽带的人际关系变成纯粹的"物际"关系。因为"物欲"只有满足欲,没有理解欲,"物际"关系无法用情感来维系,所以"物欲"一旦不能满足,关系也就全线崩溃。因此,凡是可以避免许诺的地方,一定要避免。所以傅玄云:"祸莫大于无信。"

俗话说:"一言既出,驷马难追。"凡成大事者无不是言而有信的君子。在我们办事的过程中,诚信是决定成功的关键因素。因此,我们切不可失信于人,要学会用信誉打天下。马云曾说:"在你必须做出承诺时,首先要考虑自己实现诺言的实力,承诺不应超过自己的能力范围。"马云的言下之意,要我们许诺时一定要考虑到"应诺"的可能性。任何时候,我们都不能光凭良好愿望甚至主观想象去许诺。离开客观实际和条件许可,随意向他人许诺,虽然一时可以用诺言满足对方,但是,这"慷慨"带来的苦果却要由你一人来吞食。朱熹早就明确地告诉我们:"欺人亦是自欺,此又是自欺之甚者。"由此,许诺一定要慎重,解决不了的问题,要做好解释工作。一旦许下诺言,就要尽全力去实现。

阿里巴巴的发展过程中,马云一直都将诚信作为公司发展的第一使命,也正是因为如此,马云所领导的阿里巴巴才会在短短数年的时间里,以奇迹般的发展速度从一家不知名的小企业华丽蜕变成目前全球最大的企业电子商务平台、亚洲最大的个人电子商务平台。

在这些成功光环的背后,阿里巴巴苦心经营、架构完备的诚信体系是绝对不容忽视的。

第04课 注重口碑：名声是事业的宝贵资产

马云是土生土长的浙江人，创业之后他一直都因为自己是"浙商"而倍感自豪，这也正是马云把公司总部设在杭州的一个重要原因。对于其感到自豪的原因，马云表示："100多年前，胡庆余堂的胡雪岩就把'戒欺''诚信'注入了浙商的血脉。在新的历史时期，对阿里巴巴而言，诚信建设更是一项首要的使命。我们的网络平台，是一个活跃着数以千万计企业和个人的巨大社区。我们不仅要以诚信为会员创造价值，同时还要承担起以诚信影响社会的责任。"

对于电商来说，互联网商务世界与现实的商务世界除了工具不同之外并没有多大本质上的差异。但是就网络交易而言，电商面临的一个最为严重的问题就是诚信问题。

毕竟网上交易不能现场验货，这就意味着交易存在着很大的风险。马云经过多次调查后发现，客户最担心的问题就是诚信。为了消除买卖双方的顾虑，马云率先提出了在电子商务构建诚信体系的设想。于是，2002年3月，"诚信通"成功在阿里巴巴企业电子商务平台上开始运行。

"诚信通"的出现彻底解决了互联网上的诚信风险问题，时至今日，"诚信通"已经发展成为了全球电子商务最火的品牌之一。其实"诚信通"的运作模式很简单，就是你要和谁做生意，可以先在网上查到对方的"诚信通"档案，可以看到众多客户对该企业的信用评价、获奖情况乃至法院对他的判决结果等，在"诚信通"里，对方的信用记录一目了然。

此后，在2003年的时候，马云又创建起"支付宝"客户保障体系。有了"支付宝"之后，买家在购物之后其货款将暂时由"支付宝"保管，直到买家表示满意确认收货后卖家才能收到买家的钱。如果买家在使用"支付宝"购物时受到损失，"支付宝"还将给予全额赔付。

近几年，阿里巴巴将诚信工作伸展到了注重他人知识产权的领域，阿里巴巴开始以更严厉的手段制裁会员出售盗版光碟、假冒名牌产品等行为。

马云说："财富并不只是金钱，诚信才是世界上最大的财富。"阿里巴巴也正是因为始终坚持企业的诚信原则，才会在其发展的过程中赢得越来越多人的信任，最终发展成为电商帝国。

西班牙有句谚语说："诺言快似骏马，但事实可以追上它。"许诺既有它"超前"的一面，又有它"滞后"的一面。说它是超前的，是说它在没有实现之前就已经"预付"给对方了；说它是滞后的，是说它在兑现的过程中，是以过去的情况为依据的。没有人能够准确无误地说出下一分钟会发生什么。只要你珍惜并把握好"这一次机会"，在解决实际问题的过程中，讲求实效，不拖拉、不哄骗，及时与对方沟通事情进展的情况，就足以获得对方的信赖。

即使许诺，也不要把话说死了，这样，你也就获得了一定的回旋空间，靠着这个空间，你就不会失信于人。只要年轻人懂得维护自己的信誉，以"信"取胜，打出自己的名誉品牌，就会朋友满天下，人际关系四通八达。

借"名人"之名推动自己的事业

当你还是一条小鱼的时候，若能与鲨鱼攀上一点关系，你也就具备了鲨鱼的威风和霸气。就像一只"蚂蚁"若能傍上一个"巨人"，就会瞬间具备巨人的威力和能量。适当的时候，在获取成功的道路上，你应当学会站在巨人的肩膀上，借助巨人的力量，让自己的事业尽快成长、壮大。

2008年10月，阿里巴巴董事局主席马云做客"青年创业大讲堂"，面对数千大学生开讲"阿里巴巴是如何炼成的"，他在回顾自己投身互联网的经历时，揭秘比尔·盖茨当年说的"互联网彻底改变人类的生活方式"这句话，其实是借世界首富的名声"炒作"互联网。

马云在演讲中透露，自己第一次在美国接触互联网就感觉这个东西将对人类有很大的贡献，于是回国后借钱建立了中国第一家互联网商业公司——杭州海博电脑技术有限公司。

"虽然我不断给人家解释，真的有互联网存在。但是1995年不太有人相信互联网，也不觉得互联网对人类有这么大的贡献。那个时候我觉得互联网将改变人类生活的方方面面，但那时如果是马云说互联网将改变人类生活的方方面面，没有人相信。所以我就开始说，比尔·盖茨说互联网将改变人类的方方面面。结果很多媒体就把这个事刊登了出来，但是这句话是我说的，1995年比尔·盖茨还反对互联网。"马云如是说。

很多时候，我们需要借助名人的力量来提高自己事业的社会知名度和美誉度。毕竟普通人的信誉度有一定的限制，如果我们能够借助他人的名气，以此来拉近和合作者之间的距离，打响个人的知名度，这样就能让自己的事业有更长远的发展和进步。

事实上，在任何一个行业里，都有堪称巨人的"领军人物"，他们通常在市场上占据着稳固的位置，已经被广大群众所认可，并且深入人心。而作为初出茅庐的年轻人，要和这样的竞争对手相抗衡，无异于以卵击石，倒不如换一种方式，借助他们的高度来抬升自己，即踩在巨人的肩膀上完成由蚂蚁到巨人的转变。

美亚厨具是全球第二大厨具生产商，当初美亚能够从一个小企业一崛而起，很大程度上与其借用名人之名卖锅有关。

当初，还没有名气的美亚厨具在攻占市场之前，首先选择了与名人合作，一起推出了以其名字命名的厨具品牌。美亚厨具的经营者在北美市场找到了两位颇具知名度的美食节目和脱口秀主持人宝拉·狄恩（Paula Deen）和瑞秋·雷（Rachael Ray），前者年届六旬，在非美地区几乎家喻户晓，美亚决定以其主打高端厨具市场，而后者则如邻家小妹，主打80后、90后的年轻市场。

在美亚厨具的外观设计细节上，美亚强调将"瑞秋·雷"品牌的主基色定为瑞秋本人最喜欢的橙色，这让原本被认为仅仅是"一个圆＋一个把手"的锅具立刻具有了某种个人色彩。

而对于美亚来说，在积累了多年多品牌运作的经验之后选择"名人品牌"这种至少在行业中属于新鲜的做法，不仅使其以相对较低的成本和风险在原有的市场中获得新的成长动力。更重要的是，美亚还借助这些"名人品牌"进入更多新的市场，为美亚其他品牌的后续跟进提供了有利条件。而厨具市场以功能为主导的特征，又在无形中削减了因名人个人行为给企业带来损害的风险。

著名的犹太经典《塔木德》中有一句话：和狼生活在一起，你只能学会嚎叫，和那些优秀的人接触，你就会受到良好的影响，耳濡目染，成为一个优秀的人。而我们如果能与名人以及成功的人站在一起，自然也会发生潜移默化的改变，吸引更多人的关注。

借用名人的力量来发展和壮大自己，是一个人在向大众推广自己时一种不错的方式。任何一个渴望成功的年轻人，都要懂得"借人之名成己之事"的道理。因为一个人的力量总是有限的，当自己的力量还不足以获得成功时，要学会借用别人的名气来开创自己的事业。

名能生利，借人之名收己之利是年轻人获得成功的捷径。因此，每一位年轻人都要学会做一个善用他人名气来造就自己的人。

做人做事，先做忠诚度再做知名度

大多数人对成功的追求，其实也就是对"名利"的追求，因为良好的"名"才会让一个人获得"利"。在成功的道路上，忠诚是一个人最重要的

"名"，它能为一个人树立良好的公众形象。而知名度和忠诚度就像人的两条腿，有一条不稳就会失去平衡，就会摔倒。所以，每一个成功的人有意无意中都会特别注意对忠诚度和知名度的打造。要知道，成功的人绝对不会忽略这两个"度"的重要性，因为有知名度而缺乏忠诚度，这样的人往往只会是"臭名昭著"。

做人需要忠诚度，做事也是一样。比如，在刚做一项事业的时候都会最先打响知名度，因为只有让人们了解了你，才会有和你合作的可能。当然，最先打造知名度这本身没有错，并且这也是很多人做事业的共同特点。不过，在打造知名度上很多人都会犯一个严重的错误：因为急于求成，就会直接利用广告轰炸、媒体炒作来增加自己的知名度，这样自己的知名度虽然很快就会建立起来，但实际上这种做法只是适合有钱人玩的游戏。对于一些刚刚发展起来的事业来说，拿钱砸广告是最不明智的行为，因为自己完全还不具备这个财力，一味地追求广告效应，只会将自己拖垮。

人生和是事业的发展过程本就是一个较为漫长的过程，马云也说，"只要活着，就有希望"。只要活着就有发展壮大的希望，急于求成只会忙中出错，做大不是目的，做强才是最重要的。而"大"就是指拥有知名度，做"强"就是做好忠诚度。

淘宝是不是很有知名度？然而，因为一直以来淘宝上的产品存在着严重的质量问题，致使淘宝一度陷入信任危机。

淘宝的危机来自于淘宝商城一直以来如影随形的坏名声，随着其坏名声一天天膨胀，终于导致了信任危机。淘宝商城在销售数量上虽然是京东的3倍，但是其平台上的商品质量却参差不齐。这就直接导致了消费者在购买昂贵的家电或者是首饰的时候，都会有意避开淘宝商城，因为他们觉得那里鱼龙混杂，这就使得淘宝损失了不少高利润客源。

面对淘宝商城的名气一天不如一天，淘宝要想留住顾客，保证客户的忠诚度，就必须要解决自身出现的诚信问题。于是，在2003年10月，淘宝率先推出了面向顾客的"敢保敢赔"的担保赔偿模式，这一模式的启动让淘宝用户可以进行更有保障的交易。这就使得人们可以更加放心地在淘宝上进行交易了。不仅如此，在2005年2月2日，支付宝在此基础上又推出了"全额赔付"制度，这更加增强了用户对交易安全的信心，使得淘宝的顾客比之前有了明显的增加。

到目前为止，支付宝已经不单是淘宝商城的专属，它甚至已经渗透到各行各业中，虚拟游戏、数码通信、商业服务以及机票订购等行业也开始使用支付宝。另外，支付宝为了顺应每个行业的实际需求还专门为其制定了专业的在线支付清算解决方案，方案的实施不仅为商家们带去了方便，还帮助商家在互联网上打开了市场。就这样，淘宝不仅又吸引回来了原先的老客户，还凭借着支付宝保障的增强，赢得了更多新用户的光顾。

过硬的产品质量就是淘宝对客户的忠诚度，淘宝用事实告诉我们，没有过硬的产品质量做支撑的知名度只是一顶华而不实的皇冠而已。在社会竞争中，消费者的忠诚度无疑是最适合战斗的盔甲。可见，即使有再高的知名度，如没有忠诚度，不仅事业很难发展，人生也很难成功。

缺乏诚实的成功者随着时间的推移其名气也会世风日下，没有诚信的企业也会在真枪实弹的市场竞争中落荒而逃。一个人成功最显著的标志可能不仅仅是拥有巨大的财富，而是在拥有巨大财富的同时，更有一份对他人的诚信，拥有良好的社会口碑。

第 05 课
柔性竞争：争得你死我活的商战是愚蠢的

马云说："这世界上永远不要想垄断，永远不要做垄断，也做不成垄断。信息时代谁想做垄断，谁就会倒霉。"事实上，在马云看来，竞争不过是一种游戏，但是，游戏有游戏的规则，正因为他本人一直遵守这种柔性竞争的游戏规则，才能在屡次不被人们看好的竞争中遥遥领先。

第05课　柔性竞争：争得你死我活的商战是愚蠢的

马云为什么呼吁放弃和百度竞争

在现实生活中我们经常看到，很多企业之间为了争一口气，不惜拿上亿的投资当儿戏，不惜将对手逼入绝境而见死不救，这些都是血淋淋的市场竞争现状。

很多年轻人会觉得，充满竞争的社会就是一个"非死即伤"的战场，最终结果不是你死就是我亡，总之，平分天下是不可能的。所以，初入社会的年轻人都会拒绝各种形式的合作，拒绝共同进步。因为他们觉得，人生来就是相互竞争的，根本不可能存在真正的合作共赢关系。

不过马云可不这么认为，在他看来竞争的结果就是两败俱伤，这与"共赢"相比，实在是不可取的。也许正是因为马云的独特，所以很多时候马云的做法都会让行内人士很吃惊，而这一次，他再一次独树一帜，语出惊人。

2008年5月24日，阿里巴巴董事局在杭州举办了第二届网络工程师侠客行大会，在会上，马云是最后一个登场的，他一登上台就震惊四座。他呼吁，互联网技术无国界无竞争，希望与百度、腾讯等企业放弃技术领域的竞争，共同进步。

关于阿里巴巴举办网侠大会的出发点，马云称，旨在为技术人员创造一个"没有国家、地区、公司的竞争，纯粹是技术上的探讨"的环境。在演讲中他表示希望把该大会打造成一个纯技术交流大会，并欢迎百度、腾讯等企业参与。

马云说："你来到这里，希望你忘掉自己是来自百度、腾讯或谷歌。"不过，值得一提的是，当天只有谷歌中国工程院副院长到场发表演讲，而自始至终都没见百度、腾讯的嘉宾出席大会。

马云在长期的海外交流与见闻中发现,美国互联网先天不足(用户基数不够),而中国互联网后天欠佳(技术有待进步)。

于是,马云从中看到了中国互联网发展的机会,所以他希望未来5到10年在中国建立强大的技术研发体系,并预计这将会为亚洲甚至是全世界提供技术贡献,这就是未来中国互联网发展的一个巨大机会。

马云说:"所谓Web2.0核心是分享,互联网不分享不行。中国有很多人拥有很好的技术,如果不拿出来分享,这些信息都是死信息,没用。"不仅如此,马云还进一步说道,参加达沃斯论坛的经验也让他深有感触。因为在那里,每年都会有来自全世界的几千位优秀的政界、经济界人士汇聚在一起分享自己的核心理念,这是因为他们知道,只有分享才能进步。

要知道,百度、腾讯与阿里巴巴这三3家企业都在走多元化路线,这也就是说它们在多个业务线上都存在着直接竞争的关系。比如马云推出的阿里巴巴网络广告销售平台已侵入百度地盘,而百度则推出C2C平台还击马云旗下的淘宝网。然而,马云却能够在这种"兵戎相见"的情况下提出分享技术,这实在是让在场的所有人都感到吃惊。

不过吃惊归吃惊,有难度的东西并不代表着就没有实现的可能性。很多时候,就是因为觉得实现的可能性非常渺茫,抑或是前路必定举步维艰,所以,出于畏惧,很多人就会选择放弃。但是,越是因为困难被人们放弃的东西,其最终实现后的影响力越是会超出所有人的想象。

马云能够从一无所有做到今天的中国首富,他所经受过的考验必定是很多人都难以想象的,但是马云还是挺了过来。所以,很多在别人看来不可能完成的事情在他看来只要肯努力就一定会实现。

对于网络公司来说,互联网技术就是他们的"武功",谁都不想在市场竞争的战场上将自己的"独门绝技"传授给别人,毕竟这是一件很有可能会使自己丧命的事情。但是马云不是卑鄙的小人,他是个高瞻远瞩的战略家,也是个进退自如的指挥者,进攻或者防御都能做到得心应手。

他之所以会提出这一建议,完全是为了整个互联网市场可以在合作中竞争，在分享中共同进步，他的这一建议，完全是站在互联网发展大局上考虑的。

所以年轻人要意识到，人与人之间的竞争是为了更好的进步，不是"尔虞我诈"的战场。社会本应该就是一个能者多得的"擂台"，所以没有必要非要出于你死我亡的目的打击对手。人与人间最重要的还是要积极寻求合作，共同推动行业进步和发展，这也是每一个人在竞争时所要考虑到的社会责任。

心中无敌者，无敌于天下

马云曾经指出，竞争的最高境界在于"心中无敌"，不对竞争对手报以仇视的态度，不仅会令企业家在心态上获得放松，也是做到"天下无敌"的不二法门。在马云的眼中似乎从来就没有"敌人"这两个字，因为他把每一个对手都当作了榜样，去学习对手的优点，最终练就了"天下无敌"的不败金身。

2010年，"云锋基金（江苏）论坛暨苏商投资年会"在江苏南京举行，阿里巴巴董事局主席兼CEO马云到会并发表演讲。谈及企业竞争时马云表示，一定要争个你死我活的商战是最愚蠢的，不是真正的企业家所为。

马云说："企业现在最多的是竞争，包括在我们这儿也有很多抱怨，阿里巴巴、淘宝建了两个市场，很多人杀价，天天杀价，你出5000万，他出4000万，这是最愚蠢的商战。我教一个傻子也会干，这不是企业家。比价算什么英雄？竞争最高的境界是什么？竞争是一种乐趣，让对手很痛苦，你很快乐。如果你痛苦他开心，你肯定走错了。竞争的乐趣就像下棋一样，你输了，我们再来过，两个棋手不能打架。真正做企业是没有仇人的，心中无敌，天下无敌。你眼睛中全是敌人，外面就全是敌人。你竞争的时候不要带仇恨，带仇恨一定失败。

"企业不要关心什么CPI、央行加息这些事情，永远不要关心总理关心的事。不要埋怨形势，伟大的企业都是在经济形势不好的时候诞生的。在路上的人一定是辛苦的，没有必要你杀我、我杀你。互相鼓励，互相分享，更加透明一点，更加开放一点，我们的企业会做得更好。"

事实上，正如马云所讲竞争中最重要的不是干掉对手，而是提高自己的功力。尺有所短，寸有所长，别人能成为你的对手，自然有其过人之处。

如果能够将别人的长处加以学习和利用，使其变成自己的东西，这样不就能更好地弥补自己的短处了吗？

然而，在商业竞争中，我们时常看到一些企业相互之间斗得你死我活，为了一点小利益互不相让，最终大家都没有收获。为什么不能彼此宽容一点呢？如果每一个竞争对手都能互相鼓励，用好的、正面的竞争方式，自然心胸就会宽广，前进的大道就会更加平坦。

在中国的凉茶企业中，王老吉、加多宝无疑是两大巨头。然而，2012年，"王老吉"与"加多宝"为了"谁的红罐凉茶"的商标之争，最后造成了双输的局面。

原来，红罐凉茶一直都是加多宝多年苦心经营的，然而随着"王老吉"商标价值的飙升，广药集团却下令将其商标权收回。2012年5月，被称为"中国包装第一案"的加多宝、王老吉红罐之争正式开庭，"红罐"之争虽然没有当庭宣判，但双方都表示有信心赢得官司。对双方而言，这是一场输不起的战争，无怪双方大打舆论战，争夺各种有利于自身的声音。在众多舆论声音中，不少都把王老吉和加多宝比喻为可口可乐与百事可乐。最终，广药集团成功地要回了"王老吉"的金字招牌，致使"加多宝"的品牌价值受损，但是"王老吉"却同样丢失了加多宝的技术链条。

的确，如今中国不少成功的商人都在为谁是巨头争来争去，花费巨资动用各方资源争夺自己的利益，不遗余力甚至不择手段。然而到最后，双方争来争去谁也没有讨得好处，反而让彼此陷入更深的矛盾中，而且造成双方的名誉与信誉受损。

马云曾经说过，眼睛中全是敌人，外面就全是敌人。心中无敌，则天下无敌。同行之间不仅要竞争，更要合作，依靠对手的力量，将眼光放远，才能取得更大的利润，事业才能做得更大。我们不能否认同行之间存在利益上的竞争，但除此之外，相互之间还应该互相激励，只有当彼此心中不再当对方为"敌人"时，彼此之间的道路才能更加宽广，才能比肩而行。

竞争的时候不要带着仇恨

在如今的商业圈中，所谓的"不是你死，就是我活"的残酷竞争仍然存在。一定争得你死我活的商战是最愚蠢的，竞争的时候不要带着仇恨，带着仇恨一定失败。

要想让自己的事业长久地在圈子中立于不败之地，就要懂得做人气、做关系，不仅要与客户建立良好的关系，还要与合作者甚至竞争对手建立起健康良性的关系，只有这样才能在良性竞争中提升自己，让彼此更好地获益。

马云指出，不要抱怨没有机会，机会永远存在，每5年到10年就有伟大杰出的公司产生。"也不要抱怨竞争，竞争的时候不要带着仇恨，带着仇恨一定失败。更不要抱怨经济形势，伟大的企业都是在经济不好的时候诞生的。"

如果企业之间展开的是公平、良性的竞争，不但有助于双方更好地提升，而且还能使双方同时获益。如若一开始便是带着置对方于死地的心态，必然会让自己的商业之路越走越窄，无人再愿意与你合作。

所以，年轻人一定要学会跳出"你死我活"的竞争恶圈，这样才能使自己摆脱偏执，更冷静地看清周围的局势，以便更好地做出对自己有利的决定。俗话说："冤家宜解不宜结。"少了一个对手，就等于多了一个朋友，做起事来就会因障碍减少而变得更加顺利。不过化解敌意需要技巧，更需要肚量。

2010年，初入网购图书市场的京东商城与在美国刚刚上市的当当网，悄然打响了一场价格战。然而这场价格战刚刚起了个头，业界便爆出了京东与当当之间无法调解的竞争鸿沟。

原来，在价格战期间，京东商城董事局主席兼CEO刘强东连发8条微博，矛头直指竞争对手当当网，刘强东说："自从京东筹备书籍销售一年来，当当利用垄断优势，给几乎所有出版社都发去了禁止向京东供书的邮件，否则就要停止合作……经过一年的艰苦谈判，依然有一些出版社不敢给京东供货。"

对于京东提出的"向出版社群发封杀令"一说，当当网则回应，群发邮件仅供出版社参考，无意操纵出版社，也没有告诫出版社"不要站错队"。然而，面对当当网的回应，刘强东则表示："国庆（当当网CEO李国庆）你不收回封杀之手，京东的价格屠刀绝不归鞘！"

最终京东斥巨资让自己的网购图书价格比竞争对手当当网便宜20%以上，而当当同样不甘示弱，也斥资4000万元降价促销，全力对抗与京东的价格战。自此，京东与当当之间的价格战越来越激烈，日趋白热化。

在马云看来，竞争者就像是一块磨刀石，把自己越磨越快，越磨越亮。在竞争过程中，选择好的竞争对手，有着非常大的价值。他说："对手死了,你一定活不好,一定需要有一个对手,才会发展得越来越好。"

在竞争中,尤其是在一个还不成熟的行业中竞争,千万不要总想天下无敌,总想打败所有的竞争对手。如果只是一味与竞争对手一较高下,而不顾市场平衡与发展,必将遭到惩罚。

一般人认为的竞争就是非输即赢,大家非得拼个你死我活。但从历史上看,在竞争中赢的一方应该是有创造力的人,而非毁灭什么的人。事实上,真正对竞争有着清醒认识的人是绝不会与人斗个你死我活的。与对手合作,用对手的优点来弥补自身的不足,或者干脆挪为己用,这比让对手以其之长来攻击自己要明智得多。

所以,在竞争中一定要保持良好的心态,不要时刻将仇恨装在心中,否则你会因为狭隘而看不到更为广阔的发展空间。要知道,尊重对手就是尊重自己,这才是能够彻底赢得竞争的大智慧。

只有双赢才能走得长远

在很多人眼里,总觉得事业能否发展到一个较高的位置,就是看是否打败了和自己相当甚至是跑在自己前面的对手。对此,马云有着自己一套独特的看法,他认为,事业的发展就是创造新的价值,而不是打败对手、不是为了更大的名,而是为了社会、客户和明天。

马云曾经说过:"中国的很多公司,跑到一半的时候,跟左边的人打几下;再跑几步,又跟右边的人打几下,疲于奔命。我说,要把时间花在客户身上,花在服务上,而不要花在竞争对手身上。只要你今天比昨天好,明天比今天好,你就永远冲在最前面。"事业真正的发展一定基于使命感,这样才能持久地发展自己的人生。

1998年,雅虎想进入中国,杨致远欲邀马云任雅虎中国的掌门,但是当时的马云因为全部心思都在创建阿里巴巴上,因此委婉拒绝了杨致远。也是这一年,雅虎正式进入中国。后来,马云的阿里巴巴初见规模后,马云给杨致远写了一封电子邮件,问他:"你觉得阿里巴巴怎么样,也许有一天阿里巴巴和雅虎这两个名字配在一起会很好。"

直到2005年4月,杨致远才回了这封邮件说:"阿里巴巴和淘宝做得很好,有机会想跟你谈谈互联网的走势。"马云说:"这么多年了,终于有了你的一封信。"

一个月后,马云与杨致远在美国一个高尔夫球场上相遇。球场上,大家打赌,让吴鹰跟马云打比赛,看谁打得远。在场的人中只有杨致远一个人赌马云赢。结果这一杆吴鹰打空,马云真的赢了。打完球,杨致远笑着与马云并肩而行说:"我们把交易定了吧。"

达成协议后马云禁不住感叹:"我追杨致远追了7年啊。"杨致远则说:"我想在国际上或者科技上、品牌上来支持阿里巴巴,帮助阿里巴巴,用他们的聪明,他们的能力,把我们合并了以后的公司做得更大。"这次合作达到了双赢的局面。

双赢意识是现代的成功者需要重视的合作方式之一。年轻人只要细心观察就会发现,那些大商巨贾基本上都是通过合作的方式来实现利益的。而对于那些正处在创业初期的人来说,更需要依靠合作的方式,在双赢的基础上实现利润均涨,为自己事业的未来之路开创更广阔的发展空间。

合作永远能为自己带来"众人拾柴火焰高"的局面,尤其是希望在商业竞争中取得更多利润的人,以合作双赢的方式来实现利润均涨的目的,无疑是最佳的选择。就拿雅虎和eBay的合作来说,正是因为看到了未来全球互联网的竞争格局和如何使用户与企业利益最大化的重要性,马云才积极地倡导、参与和推进了这次合作。

马云认为,商场上既没有永远的敌人,也没有永远的朋友。大家都是为了自己的明天不停前进,而谁超过谁并不是最终的目的。当全球化的压力越来越大,短兵相接的竞争对手也可以在不损害各自竞争优势的前提下结成战略联盟。

看看奔驰与宝马这两大著名品牌,我们不难发现,几乎奔驰的每一个车系,都能在宝马的阵营里找到影子,但绝不会仿造雷同,它们在相互学习的过程中依然保持自己惯有的风格。虽然在商业竞争中,有人试图打破这种可怕的平衡,但是他们依然十分默契地共同守卫着豪华车的领地,抵御第三者的入侵。

宝马和奔驰也曾在不同场合对公众表明自己的立场:在豪华车阵营里,我们是最大的竞争对手,但一旦外敌入侵,我们会自动结成攻守同盟。这就意味着"两夫当关,万夫莫开",谁要是意图撬开豪华车的门缝,都会遭遇强烈反击。

而在宝马和奔驰的竞争史上,我们也看不到价格战的硝烟,因为他们都知道,坚守各自的竞争优势寻求差异化的策略,才会进入良性竞争环境。"大家好才是真的好",所以我们看到,尽管这二者的定位和目标客户群高度重叠,却没有生产过任何一款同质化产品,"开宝马,坐奔驰",一个强调驾驭乐趣,一个强调乘坐舒适的经典描述已然成为消费者心目中定型的名牌印象。

所以,年轻人的人生事业的发展不是靠打击对手,而是靠踏踏实实做好自己。当自己心有余而力不足时,可以尝试合作的办法,这样一来,不仅能够缓解自身压力,而且还能让双方达到互利的局面,何乐而不为呢?打败对手是很有成就的事,而通过合作的方式与对手共赢才是更大的成功。年轻人要清楚,无论同你竞争的对手是谁,也无论你们怎样合作,这种建立在资源共享前提下的合作,始终是现代人在竞争中最有发展潜力的做法。

竞争，要让对手痛苦，你很快乐

互联网之间的竞争是非常残酷的，然而马云并不怕竞争，他甚至喜欢竞争，并且善于竞争。马云曾经说过："我希望到时候能看到一个百花齐放的景象。阿里巴巴为其他公司提供了经验教训和资本，其他公司发展起来了，也会给阿里巴巴带来更多好处。"由此看来，一个人只有将自己融入良好的竞争环境中去，运用智慧去筹划，才会发现竞争中所蕴藏的生机。

创业初期往往会认为竞争对手所做的一切都是坏事，都是针对自己。如今马云已经学会用赞赏的目光去看待对手了。他说："人们最怕蛮打的，一个拳师碰上一个蛮师，你也就不知道该怎么办了，对吧，一个拳师碰到另外一个顶尖高手的时候，大家才能互相成长。"

不过，马云也指出，在同对手竞争的过程中，最重要的是让对手心情变糟糕，正如"两个高手之间下棋的时候，对方方寸一乱你才有可能赢"。

马云讲过这样一个故事：多年前，马云和一家公司竞争得非常激烈时，他应邀出席亚洲互联网大会，并成为主题发言人之一。而他当时的竞争对手也是主题发言者之一，不过那位先生出了5万美元才成为主题发言人，而马云没有出一分钱。于是他跟组委会说，凭什么马云不付钱，组委会告诉他说："你是你要讲，马云是观众要他讲。"

那位先生非常生气，他有一艘非常漂亮的游艇，他说："我把游艇开到香港，邀请所有演讲者上游艇玩，但是有一个要求，马云不能上去。"马云得知这件事后说道："我觉得这是胸怀，如果你不能包容你的对手，你一定会被对手打败。从那天开始我就知道他会自己把自己气死。周瑜是被谁气死的,是被自己气死的。你看着竞争对手时满脸怒火,你是不会平静的。心中无敌、无敌于天下。竞争是让别人痛苦、你快乐,结果你比他更痛苦,你在干什么?"

英国首相丘吉尔曾经说过:"世界上没有永恒的敌人,也没有永恒的朋友,只有永恒的利益。"商场,这个受利益驱动的庞大体系更是如此,任何聪明的人都不会到处树敌,因为这是很愚蠢的行为,毕竟在利益面前没有敌人。只要彼此的利益有交集,即使曾经为敌,也有足够的理由变成合作的好伙伴。

年轻人应该明白,竞争往往是一个收获大利益的手段之一,如果你觉得竞争是一种痛苦的折磨时,那么你的策略可能就弄错了。因为每个企业在竞争中都不应该痛苦,竞争是一种给予。因此,在商圈中有这样一条规则:谁先生气谁先输。

百度创始人李彦宏在荣获"2011年度关注人物奖"时表示,互联网天生就是一个很受关注的产业,每一年都有很多有意思的事情发生,让他至今都不舍得离开,并且乐享其中的竞争和挑战。

与传统行业相比,互联网行业是公认的高速度发展、高强度竞争的领域。谈及美国上市公司的很多创始人都已退休,李彦宏笑称自己不会退休,不是不想把机会让给年轻人,而是"因为互联网很有戏剧性,让你老觉得在这里面很有意思"。时至今日,他仍然坚持每天到公司坐班,在别人看来也许会觉得枯燥的东西,却始终令他乐在其中。

李彦宏说:"我们做了很多很优秀的事情,但是没有一件事情已经完美到不可再碰撞的程度。被挑战的人往往会因此而完成一件非常有意义的事情。"

竞争是一种快乐,竞争是一种游戏。竞争不是目的,创造财富才是目的,改变社会才是目的。面对竞争对手,年轻人更应该明白自己的立场,更要敞开胸怀来看待强有力的对手,竞争自始至终都是创业的魅力所在,没有竞争的人生不仅没有活力,还没有意义。

向竞争对手学习

人们常说"对手是你学习的榜样"。但是,由于受"同行是冤家"、对手即敌人等观念的影响,人们从来都只是仇视竞争对手,更别谈向竞争对手学习了。正如马云说的:"竞争者是你的磨刀石,把你越磨越快,越磨越亮。"在马云看来,竞争最大的价值,不是战败对手,而是向竞争对手学习,发展自己。

如今的商界有这样一些失败者,他们或是逃避竞争,或是轻视竞争对手,他们被打败以至消亡的一个重要原因,就是单方面地仇视对手,漠视竞争对手的长处,不愿虚心向竞争对手学习。

然而,就像武侠小说里所描写的那样,一个有资质的人,总是在一次又一次的比武中实现自身的进步。而这个有资质的人,他的身上必然有这样一种特质:善于选择好的竞争对手并向他学习。所以,在现实的商战中,竞争者往往能成为最好的老师,而选择优秀的竞争者也就显得尤为重要了。

当然,若是竞争对手是个赖皮型的,别说向他学习了,就算你不去招惹他,你们之间也会陷入到恶性竞争中;而如果你选择了一个优秀的竞争者,那么你要做的就是了解对手,学习对手,最终超越对手。

eBay在全球C2C市场的实力以及对中国市场的窥视,使马云选择了把eBay作为竞争对手。在淘宝总裁孙彤宇看来,eBay是一个非常好的"陪跑员"。孙彤宇说:"就像小时候我考体育,跑百米有一个非常深刻的体会，两个人同时考，我就找一个比我差的人，我觉得我比他跑得快，感觉很爽。可后来我发现不对，我要找一个比我跑得快的一块跑，我才能跑出比原来好的成绩，因为他跑在我前面，我就会想要超过他，这是'陪跑员'的责任。对于企业来说，这可能比较自私。但如果身边有一个跑得慢的人，你确实很爽，尤其是当离得很远时，你会不断地回头去看，甚至还会停下来朝他望望，有可能还点根烟抽抽。所以，我们要的是比我们跑得快的人。"

而马云也认为，竞争是一种游戏，不是你死我活的战争。电子商务行业的成熟是多个互联网公司共同发展的结果，只有竞争才会有更快速的发展。他说："我希望到时候能看到一个百花齐放的景象。阿里巴巴为其他公司提供了经验教训和资源，其他公司发展起来，也会给阿里巴巴带来很多好处。"

无论是一个企业，还是企业中的个人，有竞争心理是一种非常积极的态度。有竞争才能激发动力、增强活力，促使企业或个人不敢懈怠，从而不断推进企业或个人进步。

事实上，在我们的生活中，尤其是在商场中，竞争无处不在，无时不在。有的人把自己的竞争对手当作榜样，跟随他，学习他，然后让自己变得更强大；而有的人则把竞争对手视为"毒蛇猛兽"，视为老死不相往来的"敌人"，甚至千方百计地诋毁对方，不择手段地争夺竞争资源；还有一些人，在竞争对手面前，不知道学习对方的优点，总是企盼把对手一棒子打死，或是仰天长叹"既生瑜，何生亮"。

马云曾经说过这样一段话："打着望远镜也找不到对手，我看到的都是我学习的榜样，这家公司不错，我得好好学学，咦，那个也不错……"的确，"人外有人，天外有天"。向竞争对手学习，这是最直接也是最能看到自身不足的方法。从竞争对手那里学会竞争，在与竞争对手的比较中不断完善和发展自己；向竞争对手学习，还要善于总结别人的成败得失。尺有所短，寸有所长，不要羡慕别人的成功，更不要鄙夷别人的失败，应学会分析和总结现象背后的本质，找出别人失败或者成功的原因，取其长补己短，这样才能不断丰富自己、超越自我，从而获得更大的成功。

一个非常出色的职业经理人说："我的很多知识、经验都是从我的竞争对手那里学来的。"尤其是从对手的成功经验中总结经验，加以变通和运用，才是一个企业实现快速成长的途径。

除此之外，马云还说："当有人向你叫板的时候，你要首先判断他是一个优秀的竞争者，还是一个赖皮的竞争者，如果是一个赖皮的竞争者你就放弃。但是在我们这个领域里，我首先去选择竞争者，我不让竞争者选我，当他还没有觉得我是竞争者时，我就盯上他了。"

在马云看来，被动地当作竞争者，往往就是敌人在暗处你在明处，当对方向你开炮时，你却只能糊里糊涂地跟着打。但是，如果你能主动选择竞争者，那么就成了敌人是被动，正如马云说的："所以这几年别人在模仿我们，却不知道我们究竟想做什么，我选竞争对手的时候首先要看他们要去干什么，我在那里等着。"

碰到强大对手，不要挑战要弥补

市场活力来自于企业与企业之间的竞争。但是马云在一次员工会议上却纠正道："如果认为市场活力是企业竞争创造的，这是极大的认识误区。在这个彰显价值的时代，市场活力来自于顾客伟大的个性需求。企业与同行不是对手，只有顾客才是企业时刻需要重视的、也是惟一的对手。"

马云之所以这样告诫自己的员工是有一定道理的，因为在他看来，当一个人真正碰到一个强而有力的对手时，要做的不是急于去挑战它，打败它，而应该将目光投在双方争夺的资源——"客户"上，从中找出自身的不足，再将资源"抢"过来。

市场是面向所有人的，不管你做得有多好也不可能消除所有对手。尤其是那些强劲的竞争者，一味地打压对方，最后受伤害的往往是自己。所以，年轻人不妨变挑战为弥补，从充实自己、提高自身能力开始。

在一期"赢在中国"中，当马云问及其中一位选手，如果淘宝网与你所创办的小公司竞争的话，你会怎么做时，这位选手回答得很干脆："直面对手的竞争。"

随后马云在结尾点评时说道："我觉得你很有能力、也很年轻，不投你的原因就是你想得太多，想做的也太多。年轻人创业的时候都会犯的一个错误就是希望人人都来用我的产品和服务，这是不可能的，定位要准确才能做好。对所有的创业者，也包括你，我有一个建议：少做就是多做，不要贪多，做精做透很重要。碰到一个强大的对手或榜样时，你应该做的不是去挑战它，而是去弥补它，做它做不到的，去服务好它，先求生存，再求战略，这是所有商家的基本规律。你还没有站稳脚跟就向人家挑战肯定是不行的，先生存再挑战，这样赢的机会就会更大。"

竞争要讲究策略，体现智慧，不能逞匹夫之勇，不能没有尺度，更不能失去底线。如果在刚开始面对竞争对手时就摆出挑战的架势，那么不仅会使自己斯文扫地，更会成为社会嘲笑的对象。

在马云看来，遇到一个优秀的竞争对手，该做的不是挑战而是弥补，这就像武侠小说里描写的，一个有资质的人才总会在一次又一次的比武中得到一些非同寻常的顿悟。我们应该从对手的优点中得到启发，从而弥补自己的不足。有时不得不承认，竞争者是最好的老师。正如马云曾经说过的："我认为选择优秀的竞争者非常重要，我们要善于选择好的竞争对手并向他学习。"

就像比尔·盖茨手中的微软一样，每一名员工都应懂得学习对手的长处，总结对手的成功经验，吸取对手的教训，避免重犯对手犯过的错误，以便更好地提升自己的竞争能力，打败竞争对手。善于向竞争对手学习可以说是微软的一大长处，也是其成功的关键。

美国斯图·伦纳德奶制品商店的经理斯图·伦纳德培训中层干部，使他们成为零售业务和竞争分析方面的专家、成为胜者的方法很独特，其做法就是访问竞争对手。他经常挑选一个与自己商店的经营有相似之处的竞争对手作为造访对象。去访问时，无论远近，即使是几百公里以外的地方，他也会带上几十个下属一同前往。

为此，他还专门设计了定员面包车。当这些下属随着中层干部出发时，就意味着他们参加了一个"主意俱乐部"，将接受斯图·伦纳德对他们的挑战：谁能第一个从竞争对手的经营管理中受到启发，提出对本公司有用的新思想？能不能保证自己至少提出一条新思想？

斯图·伦纳德这样做的目的，就是让每个访问者都能至少找到一处竞争者比斯图·伦纳德商店做得好的地方。

斯图·伦纳德说："我们应当尽量找出一些竞争对手比我们做得好的事，很可能那只是些小事，但只有这样你才能不断改进自己的工作。"

我们处在一个充满竞争的世界里，学习竞争对手，进而赶超竞争对手，是现代人的必修课。在千变万化的竞争中吸取竞争对手的成功经验，加以移植、改良或创新，才能使自己的事业不断壮大，立于不败之地。所以马云说："竞争是你的磨刀石。"年轻人应该将目光和终点放在如何提升自我能力上，多一份脚踏实地的勤勉，少一些争斗的狂妄，多着眼于自己，那么必然不会在竞争中落伍。

第 06 课
学会用人：成功的事业绝不是独角戏

马云说："永远要相信边上的人比自己聪明。一个相信边上的人比自己聪明的人，才是真正的智慧者，相信自己比别人聪明，麻烦就会来……以前讲用人不疑，疑人不用，现在要讲究'用人要疑，疑人要用'。"马云在用人方面十分智慧，所以在阿里巴巴的团队中，汇集着各式各样的精英人才，有很多人都曾经在其他公司、其他领域中做出过杰出贡献。

唯才是举，"土鳖"未必不如精英

当今社会，本科生比比皆是，研究生越来越多，很多单位在招聘时都以学历进行限制。然而，高学历并不代表高能力，知识分子未必是"能力分子"。因而选拔人才、提拔人才时更要注重其实践能力。

马云当初创办阿里巴巴，刚得到高盛500万美元的融资后，立马着手从海内外知名院校聘请了大量的MBA。然而，一段时间后，马云发现，这些顶着高学历头衔的"人才"竟然还不如他原来团队中的"土鳖"实用。接下来，马云又做出一件让人惊诧的事，他把当初招聘的高才生又逐渐清走，最后只剩下5%的人还留在公司。

后来，在马云的管理法则中多了一条法则：不管你是"土鳖"还是"海龟"，也不管你是"旧臣"还是"新人"，能够为公司创造出效益的就是好的。

在不少人眼中，高学历、海外经历往往是与其能力画等号的。然而，事实并非完全如此。有些高学历的人常常表面上看起来是一副踌躇满志、胸有成竹的样子。有些人因为理论知识说得一套一套，给人一种智谋、胆识兼备的感觉，事实上，这些人只会纸上谈兵，真正让他付诸实施的时候，他们却并无实际能力。

索尼公司能取得今天这样的成就，当然要首推其创始人盛田昭夫的功劳。世界上很多机构都在调查和研究索尼的成功秘诀，盛田昭夫也曾经写过一本总结自己领导经验的书——《让学历见鬼去吧》。他在这本书中这样说道："我想把索尼公司所有的人事档案全部烧毁，以便在公司里杜绝在学历上的任何歧视。"不久之后，他就真的将这句话付诸实践了，此举促使了一大批人才脱颖而出。

别把抱怨当习惯：
阿里巴巴给年轻人的14堂智慧课

西武集团是日本一个经营饭店、铁道、百货等服务行业的庞大的企业组织。西武集团老板堤义明被松下幸之助誉为"日本服务第一人"。西武集团成功的原因与堤义明独特的用人之道密不可分。

西武集团聘用新职员有一个显著特点，就是大学毕业者和高中毕业者都有同等机会成为西武的职员。堤义明从来就反对迷信一纸文凭的"学历信仰症"，他手下很多高层主管都没有学历，却有学识、诚意和人格。但是他并不反对聘用有学历、学识和教养的专家。

有一次，在和松下幸之助谈话时，堤义明做了一个大胆的假设：如果把松下幸之助和本田宗一郎这样的人，送到东京大学受教育，那很可能就没有今天的松下电器和本田汽车了。一般的大企业，都千方百计地吸引具有高学历的年轻人到其公司就职，但是堤义明从来不追随别人的做法，不存心去抢大学毕业生。

他说："一般的大企业打的算盘是，每聘用10个大学生，将来有一个成才，就已经心满意足了。我倒不同意这种观点，我宁可仔细地挑选恰当的大学毕业生，然后把更多的工作机会留给那些没有机会接受大学教育的一般年轻人。我的西武集团，不是一流大学毕业生的安乐窝，但却保证是一流人才的工作场所。随便把经理的职位给一个一流大学的毕业生，他可能因为自己是一流大学出身的聪明人，觉得自己该坐经理的位子，反而不会珍惜他的职位。可是，一个没有大学学历或是来自三流大学的年轻人，你觉得他有潜能又力求上进，让他升任经理，他肯定喜出望外，而且会加倍地努力，做好他的分内工作。理由很简单，这类人懂得珍惜自己所得到的任何机会。"

这种排除学历条件，挑选、培养有潜力人才的方法，是阿里巴巴一贯的做法。马云认为，学历只能证明一个人受教育时间的长短，而不能证明一个人具有的实质性的才干。"英雄不问出处"，是不是人才，不是单凭一纸学历就能说明，更重要的是你真的是否"有用"，只有真正做到唯才是举，才能挑选出真正能为自己事业所用的人。

所以，那些低学历的年轻人不要太在意自己的学历，而要注重提高自己的能力。高学历只是一个人知识背景的指标，在寻找事业的帮手时，如果我们重点多放于此，那么你可能会错失很多真正的优秀精英。有句话说得好："高手在民间。"不要将目光过多地放在专业性较强，学识能力较强的那些人身上，能力才是真正的金子，所以一定要谨防舍本逐末的行为产生。

懂得借助别人为自己获得结果

马云说："如果你突然发现当了3年领导后，你的水平还是公司里最好的，那你根本就不适合当领导，领导是通过别人拿成果的。"这是马云对于领导者的见解，也是他多年来管理阿里巴巴所信奉的原则。马云说："只有当下面的人超越你的时候，你才是真正的成功者。"这句话听来简单，但是很多人却会因为嫉妒心太强而做不来。道理很简单，一个人的力量是有限的，但是通过借助他人的力量，就可以取长补短，这样就可以壮大自己。

在一些企业里，我们常常能发现上级打压下级的现象，上级生怕下属的能力超过自己。但是在阿里巴巴却恰恰相反，马云把更多的精力用在了培养能替他"冲锋"的将领上，而不是自己披挂上阵。

在阿里巴巴的领导班子里，孙彤宇、李琪和金建杭等就是马云一手培养起来的。孙彤宇可以说是追随马云时间最长的人，从1996年马云做"中国黄页"的时候起，就和马云风雨同舟、一起创业。在阿里巴巴成立之初，马云曾说过："我们原来的人现在只能当连长、排长，因为能力不够。公司需要师长，需要军长……"孙彤宇当时就表态："我们有信心将来变成师长、军长。我们需要自己变成军长、师长，每个人都需要成长。"后来，凭借其自身的努力以及阿里巴巴的精心培养，两年后，孙彤宇成为了阿里巴巴的副总裁。

2003年，在秘密打造淘宝的时候，马云又将这个非常重要的任务交给了孙彤宇。孙彤宇成为了淘宝网的总经理，实现了自己当"军长"的理想。当时，原本就是中国国内C2C在线拍卖领域龙头老大的eBay网又与易趣合作，成了业界一大霸主。而马云却决定向eBay这个"巨人"挑战。

后来不到半年，淘宝就挺进了全球前100名；到了2005年，淘宝已经占据了中国80%的市场份额，彻底打败了eBay易趣。孙彤宇圆满完成了任务。

然而，2006年，孙彤宇带领的技术队伍在淘宝上推出了"招财进宝"，结果遭到了市场的强烈反应，甚至引发了淘宝店主罢市签名活动。对此，马云的回答是："无论你做出怎样的决定，我都支持你！"孙彤宇宣布取消"招财进宝"活动，风波就此结束。

淘宝使孙彤宇真正成长为了一名合格的"将军"，这一切都离不开马云的培育。现在，孙彤宇又卸去了淘宝的帅印，前去海外学习，准备向更高的山峰前进。

正是在这样的领导作风的指引下，阿里巴巴才被打造成了一个组织健康的企业平台，让每一个员工都融入激情，再加上公平竞争的机会，阿里巴巴就成为了成长最快的企业。

马云不仅致力于培养早期和自己共过患难的公司老将，即便是其他员工，他也能一一挖掘出他们的特长。

2000年，彭翼捷毕业于西安交大外语系，之后来到阿里巴巴工作。当时，彭翼捷还只是一名普通的销售人员，但仅仅7年时间，她就坐到了副总裁的位置上。彭翼捷现任阿里巴巴B2B中国事业部副总裁，管理着阿里巴巴的中国网站以及诚信通高达10亿元的销售额，2007年的"长三角地区互联网经济发展高峰论坛"，彭翼捷代表阿里巴巴发表了"长三角电子商务产业群合作发展"的主题演讲。

有人说，彭翼捷是"坐着火箭上升的"，但这并不是一个偶然。在阿里巴巴，这样的例子不胜枚举：一个普通的前台接待员，经过历练可以成为客服总监；宾馆的大堂经理可以成为"支付宝"的副总经理……而这些正是得益于马云培养人才的理念，他要把阿里巴巴的每个员工都锻炼成可以独当一面的"先锋官"，让他们代替自己冲到前面去。

关于挖掘内部人才的问题，马云说过这样一句话："我是这么看，永远要想办法找到在公司内部能够超过你的人。在公司内部找到能够超过自己的人，这就是你发现人才的办法。如果你找不到，问题一定在你身上，你的眼光有问题，你的胸怀有问题，可能你的实力也有问题。"所以在阿里巴巴，任何一位员工只要被认为是"可塑之才"，就会得到公司的大力培养和重用。马云会给"重点培养对象"提供各种培训机会，给他们在不同业务部门轮岗的机会，使他们能够在比较短的时间内接触不同的业务，锻炼各方面的能力。让他们能在不远的未来，代替马云这个领导者冲锋陷阵。

真正聪明的人是通过别人来拿结果的，马云就是这样的人。因为马云知道，社会是飞速发展的，如果公司的成员停滞不前，必然会被社会淘汰。只有激励手下的人不断充电、更新，才能够保证自己在多变的市场竞争中立于不败之地。

自己不懂的，可以用别人的脑袋

相信大家一定都这样认为：马云创办的既然是一家跟互联网有着密不可分关系的公司，那他的网络技术一定很不错。但事实上，马云是一个十足的外行。马云不懂网络，甚至在运用计算机上也只限于收发邮件而已。然而，这样一个网络"低能"是如何领导庞大的阿里巴巴帝国的呢？马云的理论是：外行是可以领导内行的！

在一次访谈中，马云、主持人以及中国入世谈判的首席谈判代表龙永图有过这样一段对话。

主持人： 马云先生从事电子商务，但是您本人似乎并不是太懂网络技术。

马云：对，我几乎不懂这个网络。到现在为止，我的手提电脑怎么看DVD我都没搞清楚，怎么储存照片，我也不知道。我除了会收发邮件，每天就只是浏览浏览网页，就这两样东西。

主持人：你现在的状态还一直保持这样吗？

马云：还是这样，我觉得这样挺好的。

龙永图：我们两个是一条船上的，找到知音了。

马云：这个没关系，我觉得懂不懂没关系。就像毛泽东不会打枪，却把中国的天下打了下来，这个很重要。你一定要明白你要什么，世界上有很多专家会把你的想法做出来，你要做的就是去尊重他们、理解他们。

龙永图：我好像听说过你有一段关于外行领导内行的高论，充满了辩证法。一般来讲，我还是希望内行领导内行。但是如果尊重内行，你这个外行就可以领导好内行；如果你自以为是，你是个外行，却自认为是个内行，这就完了。

马云：今天很多人跟我讲他是互联网的专家，是电子商务的专家。互联网总共才十几年的历史，哪弄出那么多专家出来。你搞过什么，大家都是新手，都在学习，我也在学习。我非常同意龙先生的观点，我们讲的就是外行可以领导内行，关健是要尊重内行。我从来不会跟工程师吵架，因为吵也吵不起来。我也不知道他们在说什么，他们也不知道我想干什么。这怎么吵架？我只能认真听。

看完这段精彩的对话后，我们就应该明白：在马云的用人原则中，原来外行的确是可以领导内行的！

大家可能也知道，早前的IBM也曾遭遇过一段"濒危期"，是临危受命的郭士纳把IBM从困境中"解救"出来的。而郭士纳和马云一样，不懂计算机，他也从未打算进计算机入门班。但是，就是在郭士纳这个外行为IBM掌舵的那9年里，IBM持续赢利，股价上涨了10倍，成为了全球最赚钱的公司之一。

这是为什么呢？马云认为，自己不懂没关系，但关键是要尊重内行。他说："你可以把最优秀的人先请来。比方说你不懂技术，你可以把最优秀的技术人员请来；你不懂财务，可以把最好的财务官请来；你不懂管理，可以把最好的管理者请来。因为我不懂，我永远跟他吵不起架来……只要你有一种胸怀、眼光，你就可以做到。"

其实，外行是完全可以领导内行的。你可以不懂那些专业性的技术。但你一定要懂管理，而且还要在管理上是一位十足的内行。单凭这一点，你就可以成功地领导内行的任何人。

我们都知道，很多公司并不缺少能人和技术天才，但是公司的发展却总不见起色，原因是什么？就是因为这些公司的大多数症结问题不是技术性的问题，而是管理方面的问题。这也正是郭士纳、马云等人敢于领导所谓的内行的关键因素。

另一方面，当一个外行来领导内行的时候，他往往会用更客观的视角、更宽阔的视野来分析问题、解决问题。比如在阿里巴巴，马云自己是一个不懂电脑技术的人，他就会认为大多数的客户也是这样，因而马云会要求技术人员将软件做得越简单、越容易上手越好。

此外，因为是外行，作风就更容易民主；因为不懂，故而能够兼听则明。"不懂"并非缺点，精通有时反成局限。对企业家和职业经理人来说，技术背景很重要，但并不是必不可少的，领导能力才是最重要、最不可缺的。

众所周知，汉高祖刘邦在出谋划策、保障后勤、行军打仗等各方面都不如张良、萧何、韩信这些专家。然而，恰恰就是这个干不了参谋总长、后勤部长或者军队总司令的"外行"，却能得心应手地驾驭、使用张、萧、韩等"人杰"，领导这些"内行"破秦、灭项、"取天下"。

如果你是某个行业的外行，你就要勇于承认。然而，现在很多年轻人做事业失败的原因就在于自己明明是外行，却不懂装懂，自以为是，从中干涉，最后把内行的人也搞得晕头转向无法发挥正常的水平，或者因为得不到尊重而自动放弃。

找最合适的人,而不是最成功的人

马云说过一句话:"把飞机的引擎装在拖拉机上,最终还是飞不起来。"许多企业总是陷入找不到合适人才的泥潭,是因为他们往往不能从自身的需要出发,而是盲目进行,结果导致供需脱节。

所谓"人才",只要人尽其才便都能配得上这个称号。而怎样才能做到人尽其才?只有把每个人放在相应的位置上,才能充分发挥他的作用。这里便有阿里巴巴牵涉到的一个关于"人才"运用的案例。

1999年10月,阿里巴巴获得了高盛提供的500万美元风险投资,为了扩展公司业务,马云立即着手从香港和美国引进大量的外部人才。当时,在阿里巴巴12人的高管团队成员中除了马云自己,全部来自海外。紧接着,阿里巴巴又获得软银集团2000万美元的风险资金,这时候,准备大干一场的马云更是非常果断地请来诸如哈佛、斯坦福以及国内知名大学毕业的MBA。那时候马云认为:如果你能拿到MBA,那意味着你一定是个很优秀的人才。但是通过一段时间的观察,马云发现这些人只会不停地跟自己谈策略,谈计划。

马云记得曾有个营销副总裁跟自己说:"马云,这是下一年度营销的预算。"马云一看,问道:"什么?要1200万美元?我仅有500万美元。"这名副总裁回答马云说:"我做的计划从不低于1000万美元!"后来,这些高层管理人因在阿里巴巴"水土不服",逐渐都被马云请走了。经过这次教训,马云再也不盲目地吸收高学历、高职位的"人才"。从阿里巴巴的整个发展过程和用人经验中,马云最后总结出一个道理:适用即人才。

马云在办公室的墙上挂着一幅题字:"善用人才为大领袖要旨,此刘邦之所以创大业也。愿马云兄常勉之。"这幅字是金庸2000年的时候给马云题的。马云说:"我挂在办公桌前面,这是给自己看的,挂在后面是给别人看的。天天看到这个，也是对自己的一种提醒。"

在西方有这样一句名言："垃圾是放错位置的财富。"这充分说明，人才其实也是相对而言的。一个人是不是人才，能不能够完全发挥他的作用，关键是看把他放在什么位置上，让他去做事，只要他在这个位置上能够做好，做出成绩来，他就是人才，如果不行，即使顶着再多的桂冠，他也不是人才。

聪明人买鞋，他的第一选择不去挑价钱贵的，也不会挑最流行的，而是最合自己脚、穿着舒服的。"合适的才是最好的"，使用人才也是同样的道理。

2001年12月，浙江省学生联合会第六次代表大会"知名专家、企业家成才报告会"在杭州某饭店召开。

其中一位学生代表向正泰集团董事长南存辉问道："如果有两个大学生同时到贵公司求职，其中一人理论功底扎实，但属于一心苦读圣贤书之类；另一人专业知识并不出色，但他（她）是一个组织能力、协调能力都很强的学生干部，你会选择谁？"

南存辉没有直接回答，而是给大家讲了两个小故事。第一个故事是一个木匠师傅在建造房子时，总是喜好从森林中挑选那些"栋梁之材"；而另一个搞工艺美术的，却对那些"歪脖子树"情有独钟，认为其是做根雕的理想材料。

第二个故事讲的是一群画家画了一幅画，然而那幅画中的人少了一只眼，瘸了一条腿。正当众位画家为难之时，其中一人想了个办法给他画了一个持枪打靶的姿势。

南存辉借此告诉大家，如今社会需求太多，人才也多样化，对于用人者，要尽可能用人之长，避人之短，使人尽其才，才尽其用。对于被用者，则要有种平常心态，正确认识自己，努力发挥优势，才能做出成绩。

一些企业常常强调需要最优秀的人才，但事实上，企业更需要最合适的人才。我们只有把人才放在最合适的岗位上，"贤者在位，能者在职"，促使人才互相补充,才能发挥更大的作用。

在马云的眼里,学历并不重要,重要的是有一技之长,能够独立开展工作,有创新精神,爱岗敬业,脚踏实地地工作。不管他的文凭有多低,职称有多低,只要他能够创造价值,这样的人就是人才。

没有平庸的人,只有糟糕的用人术。李世民在年轻的时候就说:"打天下用人在于人和,治天下用人在于无才不用、用尽天下才。"也就是说,在事业的创新时期,你感觉不好的人,对你不敬的人,别人的人,你都要懂得去用。

在《西游记》中,唐僧是西天取经团队的领导者,一开始就将目标(取经)定位得十分清楚。在唐僧的团队里,唐僧知道对孙悟空要管得紧,所以随时会念紧箍咒;猪八戒小毛病多,但不会犯大错,偶尔批评批评就可以;沙僧则需要经常鼓励一番。唐僧看起来是无能的,但他的领导力却是很强的。

因此,在用人的时候,要坚持"找最合适的人"的原则,这样才能打造出一支执行力非常强的团队。

阿里巴巴要的是"猎犬"型人才

在阿里巴巴,领导做事从不亲力亲为,却能把事情处理得井然有序、完美无缺;但在很多公司,由于领导用人不当,常常把事情搞砸、搞乱,甚至还会阻碍企业的发展。因此,在阿里巴巴看来,用人之道便是企业的生存之道。然而,到底怎么用人,用什么样的人,成了很多年轻人的一大困惑。

一直以来,马云对于什么样的人是企业需要的人才有着一种很形象的比喻:在企业团队里,有业绩没有团队合作精神的,是野狗;事事老好人但没有业绩的,是小白兔;有业绩也有团队精神的,是猎犬。

一般来讲,大多数企业在选拔人才的时候,都会把业绩放在第一位,尤其是对那些能够为企业直接创造价值的员工，即使是野狗，往往也会厚爱有加、唯业绩是从。但在马云的思维里，对于野狗，无论其业绩多好，都要坚决清除；小白兔会被逐渐淘汰掉；只有猎犬才是阿里巴巴真正需要的人才。

当然，也有一些企业还是很看好"小白兔"的，至少他们会忠于企业。其实，对于这些企业的领导人来说，如果舍不得对"小白兔"加以清除，大可以效仿阿里巴巴的管理方法，把员工分为几类，因材施教，针对不同类型的员工做不同的管理。比如：对工作态度端正、工作能力高的员工，要赋予权力，大胆使用。毕竟这种人是最理想的员工；对工作态度端正、工作能力低的员工，要充分肯定他们的工作态度，保证他们的工作热情。同时，要让他们认识到自己的不足，在工作中对他们多多"传帮带"，并对他们提出提高工作能力的具体要求和具体方法，使他们早日成为工作能力强的员工；对工作态度不端正、工作能力低的员工，要将其扫地出门，以免后患；对工作态度不端正、工作能力高的员工必须限制使用，控制在一定的比例里逐渐淘汰。

那么对于阿里巴巴来说，成为猎犬型人才的条件到底是什么呢？首先，诚信和热情是员工最基本也是最首要的素质。马云认为这种品质之所以重要，是因为它对一个人来说有就是有，没有就是没有，如果没有是很难培养的；其次，员工要乐观上进，健康积极有朝气，对互联网行业充满兴趣与激情，渴望成功；此外，员工还要有适应变化的能力，具备较好的专业素养和职业修养，善于沟通协作；最后，员工要富有学习的能力和好学的精神。

当然，马云认为，阿里巴巴除了需要"猎犬"型人才，也绝不会拒绝有潜力成为"猎犬"型人才的人。在他看来，这类人才经过一定的培训是可以达到阿里巴巴的要求的。

所以，马云一直以来都非常注重员工的培训，他在人才培训上面舍得花大力气，也舍得花钱。

在一次演讲中，马云说："有人问是公司先赚钱再培训，还是先培训再赚钱？我说YES既要赚钱也要培训。问要听话的员工还是能干的员工？我说 YES，他既要听话，事也能干。问你们是玩虚的还是玩实的？我说 YES，我们既玩虚的也玩实的。我们这样要求员工，他们的素质就会不一样。"

除此之外，马云在招聘员工的时候还要进行非常严格的筛选。任何人想成为阿里巴巴的猎犬，都要经过几道程序。为此，马云解释说："对于进入公司的人才，阿里巴巴要为他们负责，如果简单地招进来，不满意就解聘了，那给这些人带来的不仅有经济成本，还有机会成本。"

所以，在具体选拔人才的时候，阿里巴巴设立了 4 道关卡：第一道是"海选简历"。这是为应聘的人才设立的一个门槛——填写简历后必须进行一个快速测试，只有通过者才能有效提交简历；第二道是现场接收简历。但因为有些投简历者没有经过快速测试，因此录取比例比较低；第三道是笔试，对笔试的前 10 名给予总共大约 10 万元的奖励，第一名为 2 万元；最后，由业务主管、人力资源部门和事业部总经理对通过海选和笔试的人员进行面试。只有通过这 4 道程序的人，才能最终加入阿里巴巴的团队。

在用人上，马云有自己的判断、自己的标准，但前提都是出于对企业负责，为公司未来发展考虑。所以如果你不是他需要的人才，他就一定不会选择你，而一旦选择了你，就会不遗余力地培养你。对于雇用的人才，阿里巴巴采取的是"请进来、送出去"原则。"送出去"就是与一些 MBA 学校和培训班建立合作，把员工送出去学习。2004 年 9 月 10 日，阿里巴巴成立了自己的"阿里学院"，这样做的目的就是要让每一个人才在阿里巴巴实现增值！当然，阿里巴巴也会得到增值！

人才是用重金培养出来的

年轻人做事业，定然离不开帮手，更重要的是离不开高素质的帮手——人才。然而，很多年轻人在创业之初，手中往往只是拥有一批帮手，

第06课　学会用人：成功的事业绝不是独角戏

而不是拥有一批人才。所以，当一个人手下有一批人为自己的事业帮忙时，一定要做好他们的教育培训工作，拓宽选才视野，舍得花钱将普通帮手培养成人才，这样才能形成凝聚人才的"磁场"。正所谓"舍不得孩子套不住狼"，如果一个人总是"重财而不重才"，那么自己的事业定然不能发展长久。

2012年，珠海市威丝曼服饰股份有限公司举行了一次声势浩大的优秀员工表彰大会，对11名管理精英和高技术人才奖励沃尔沃XC60、宝马X1、奔驰C180等豪车。在此次获奖的员工中，年龄最小的刚30岁出头，最大的刚过50岁，其中大部分为高级技术人才。

原来，2006年，威丝曼公司的董事长便在公司推出了"威丝曼激励模式"战略。这是广东首创的一套管理模式和激励机制。重要的是，该激励模式对于有突出贡献的技术精英以及管理精英，不仅给予重金和奢侈品激励，还出台了诸多人性化用才、留才的创新举措。

珠海市服装服饰行业协会的负责人对威丝曼的做法表示了很大的赞同："一家服装公司的竞争力不仅是体现在管理机制上，更体现在服装创意设计上，老板重奖高技术人才，不仅说明了工艺和创意在服装业的重要性，也说明了技术人才的重要性。无论这个行业如何演进，高技术人才始终是'香饽饽'"。

培养一名有用的人才需要有一个时间过程，而多数人总认为花钱培养人才是时间长、见效慢的事，因此总是急功近利。事实上，只有懂得留住人才，舍得培养人才，才能更好地利用人才，拉大和竞争对手的差距。

小小的时间投入只是事业发展中的一部分，真正让事业得益的往往是后继人才的利用过程。在不少成功者眼中，只有"惜才不惜财"才能真正带来"有才更有财"的结局。所以，为了以后更大的利益着想，花点时间，花点资金在人才培养上，又有什么损失呢？

在阿里巴巴，马云就十分认同对人才的培养。他认为，任何人才都是可以培养出来的。什么是"培"？"培"就是多关注，但也不能天天去关注，因为一棵树，水多了死，水少了也死，如何关注也是艺术。什么是"养"？就是给其失败的机会，给其成功的机会，你要看着，不能让其伤筋动骨，不能让其一辈子喘不过气来。

2002年，马云接受《旧经》杂志采访，谈及自己时，马云说道："去年一年，我们在市场推广方面的投入几乎为零，但我们在人才发展方面却投入了几十万美元。

"大部分网络公司现在都只是在盲目作战，并不知道如何去进攻，从哪里去突破，如何去训练组织他们的队伍。而在阿里巴巴，职员的平均年龄只有27岁，我告诉他们要了解客户，了解公司，用中国俗语说就是'知己知彼'。

"去年秋天，我们创建了公司内部的'阿里学院'，要求每个新员工必须参加学习，公司彻底地从理论和实践两方面教导他们。这样的话，3年之后，我们将拥有一个更为强大的、平均年龄30岁的人才队伍。"

2002年，马云为了扩大自己的团队，在"西子湖畔屯兵"，在那里训练人马，训练团队，了解客户，了解市场。这一年，阿里巴巴员工达到了1300名。

马云多次强调，与其将钱存在银行，不如将钱投在员工身上，他坚信员工不成长，阿里巴巴是不会成长的，所以他不惜下血本培训员工。所以，聪明的创业者一定要明白人才对自己的重要意义，当你有一个高素质、高能力的队伍时，事业就一定能得到发展。

开始创业的年轻人，一定不要吝啬自己的那些钱财，多看看长远利益，多用些资金在培训人才上，你会发现，将来的收益将会比花在人力身上的投资大得多。

第 07 课
快乐第一：追求事业成功更要追求快乐

马云说："我跟自己讲我们到这个世界上不是来工作的，我们是来享受人生的，我们是来做人不是做事的。如果一辈子都做事的话，忘了做人，将来一定会后悔。不管事业多成功、多伟大、多了不起，记住：我们到这个世界就是享受经历这个人生的体验。"在马云看来，工作的目的不仅仅是生存，而是通过工作（事业）获得快乐，获得成就感。

第07课　快乐第一：追求事业成功更要追求快乐

让阿里巴巴的人笑着干活

马云认为，员工工作的目的包括一份满意的薪水、快乐地工作和一个好的工作环境。其中最重要的就是在企业中能快乐地工作。马云曾不止一次在公众讲话中强调，阿里巴巴最大的财富就是阿里人，"让员工快乐工作是好雇主应该做的事情"。

不得不承认，马云就是个"另类"的老板，他不喜欢安安稳稳地坐在办公室里。当中国大多数CEO坐在总裁办公室里等待听下属汇报工作时，马云早已经去员工的办公区里"闻味道"了。

所谓"闻味道"是这么回事：在公共办公区里，马云经常会笑容可掬地走到某位员工身旁，手里还拿着一根橡皮棍（据说这是马云的习惯，他手里不拿个什么东西就会浑身不自在），亲切地与其交流，拍着他的肩膀倾听其工作中的难题，和员工打成一片。

这种上下级的沟通方式，既不会让下属感觉很唐突，又能及时了解他工作的状态。时间一长，员工们也逐渐习惯甚至爱上了这种特殊的上下级沟通方式，这也就成为阿里巴巴的一种文化——"闻味道"。

马云说，他只有经常去闻一闻味道，才能了解员工的工作状态和情绪。"谁积极谁不积极，我一闻就知道了，根本用不着让主管来跟我汇报。我只相信眼睛，只相信'鼻子'。"

马云鼓励员工发展各种兴趣爱好，在阿里巴巴杭州总部，墙壁上随处可见大家一起出游时的照片。员工们自发组织了10个兴趣小组，每个小组都有一句搞怪口号，活动费用由公司承担。马云非常注意控制压力的范围，经义务向员工传递，这使阿里巴巴的3000名员工都成为了"快乐青年"。

在阿里巴巴，更有趣的事是，员工甚至可以直接称呼他们的老板马云的名字。公司员工之间直呼其名或许并不算太奇怪，但老板和员工之间这样"不成体统"的确是很少见，如果不是亲眼所见甚至会让人感觉不可思议。但是在阿里巴巴，这种"犯上"的现象是很正常的。不仅是马云，即使在淘宝网，员工们也习惯称他们的总经理孙彤宇为"财神"。

在公司里，如果有同事偶尔记不住或者新员工"不懂规矩"，尊称马云"马总"时，马云会立刻提醒并纠正："拜托你，别叫我马总好不好，叫马云！"

对此，马云很坦然地说："我希望自己跟同事之间是真诚的感情，像亲人一般的感情，而不是单纯的老总与下属的关系，叫我名字不很正常吗，名字既然起了就是给人叫的啊！"而员工们也习惯把马云当成他们的家人看待，一位阿里巴巴的员工这样评价他的老板："我感觉他本质非常好，非常善良，比较照顾周围的人，而且不是应付也不是应酬，而是发自内心的关心。他把我们当朋友，他付出从来不讲回报，他很平等待人，而且做得很正。很多事情我们觉得很困难，可是他却说，你看我们还有这么多希望，跟他工作很高兴。生活永远是两面的，你看到一面特别抢眼就看不到另外一面，他启发我们去看到另外的一面，困难的时候我们也没怎么愁云惨淡，很开心就过来了。他的性格也很好，这些都影响了我们。"

在中国，有些老板为了树立自己在企业内部的绝对权威，可谓是处心积虑，用心良苦，甚至不惜用"杯酒释兵权"般的手段。而马云却从来没考虑过这些，尽管他已经在自己的团队中有着很高的威望。但马云并不希望自己被神话了，也不希望公司员工对他有什么个人崇拜，他甚至都不希望自己的员工是为了他马云而干活。"我永远相信一点，就是不要让别人为你干活。我要的是每个人为一个共同的目标和理想去干活。我讨厌我的员工为我工作。如果谁说'马云你真好，我为你工作'，拜托请你明天就离开。"

"2005 CCTV 中国年度雇主调查"结果揭晓，以阿里巴巴为首的企业员工"快乐工作"指数高的 10 家企业被选为最佳雇主。

"最佳雇主"的概念体现了一个企业整体人力资源管理的水平。对于阿里巴巴本次当选最佳雇主公司,评委们认为,结合"快乐工作"的 3 个维度——成长感、成就感和归属感,阿里巴巴不管是在互联网行业还是在国内众多公司中都出类拔萃。

马云曾不止一次在公众讲话中强调,阿里巴巴最大的财富就是阿里人。"让员工快乐工作是好雇主应该做的事情,总之一定要让员工'爽'。在阿里巴巴,员工可以穿旱冰鞋上班,也可以随时来我办公室。把钱存在银行里,不如把钱花在培养员工身上。把钱投在人身上是最赚的。"

快乐不是一个概念,概念永远不是一个企业的核心竞争力。任何人,永远都要把自己的笑脸露出来,给别人带来快乐。

阿里巴巴注重幸福文化管理

我们如今所处的时代,实际上是一个物质时代。人们在追求财富最大化的过程中,往往忽视了精神幸福。财富虽然增加了,但人并没有感到愉悦。走不出这种困惑,就难有幸福可言。尤其在一家企业中,如果员工丝毫感受不到幸福,必然会失去工作积极性。

企业的责任一般来讲有 3 项:一是为社会创造财富,二是为员工创造幸福,三是为股东和客户创造回报。而这一切的重要前提是企业要抓好幸福文化管理。比如阿里巴巴很早就开始了幸福指数调查的工作,为实现"要把阿里巴巴打造成员工最感幸福的公司"的愿望,马云一直在努力。

下面是马云在员工大会上的一段演讲:

别把抱怨当习惯：
阿里巴巴给年轻人的14堂智慧课

"以前我们把自己定位为最佳雇主公司，现在需要做出新的调整。我们认为，所谓的最佳雇主公司，其实还是停留在老板对员工的'我待你不错，你要感恩'这样的浅层次上，这违背了我们缔造企业价值观的初衷。我们觉得整个阿里巴巴的下一步，应该是将'最佳雇主公司'努力转变为'员工最感幸福的公司'。

"也许我们的员工不是最有钱、不是收入最高的，但是他们在阿里巴巴工作是最有幸福感的，他们知道自己所做的事情对社会的影响，对家庭的影响。当然，作为公司来说，最终结果是要增加他们每个人的收入。和他们讲宏伟理想后，员工的收入没增加，连老婆都娶不起，每天还在吵架，房子也租不起，等等。我觉得这样的公司是缺乏责任、缺乏应有关爱的。员工必然不会尊重这样的公司。员工的幸福感从哪里来？就是辛苦加快乐。"

美国管理学学者威廉·大内认为，管理文化的核心是使员工关心企业。按照企业文化理论，企业管理最重要的是对人的管理，即以人为中心的管理。因此，企业管理就绕不开"幸福感"这个与人密切相关的话题。

例如在微软这样的优质外企，管理者几乎每日都在为打造员工的幸福感努力着，回归到基本点就是透明、公平制度的完善和执行。再比如苏宁等以服务为最终核心产品的公司，也正在通过完善现代管理制度，努力让员工成为行业内最具幸福感的员工。

作为以火锅起家的连锁餐厅，"海底捞"如今的名气已经在餐饮业中位居前茅。而海底捞之所以能够以小本起家，将连锁店扩展到如今这么大的规模，正是因为海底捞的管理阶层善抓幸福文化管理的结果。

海底捞最有价值的突破是管理上的，或者说，它不仅制造了独特的用户体验，而且让它的员工快乐地去制造这种体验，让他们发自内心地去提供服务。用海底捞的话说，"员工比顾客重要"，仅仅这一点，便让这个小公司伟大起来。

海底捞的管理者们都懂得，要让员工感到幸福，不仅要提供好的物质待遇，还要让人感到公平。因此，海底捞不仅让员工得到尊严，还给了他们希望。海底捞的几乎所有高管都是服务员出身，这些年轻人独立管理着几百名员工，每年创造几千万元的营业额。没有管理才能的员工，通过勤奋苦干同样也会得到认可，普通员工如果做到功勋员工，工资收入只比店长差一点。另外，在海底捞，每一名员工的食住都由店里负责，按照海底捞的规定，必须给所有员工租住正式小区或公寓中的两三居室，不能是地下室，而且距离店面走路不能超过20分钟，因为太远会缩短员工的休息时间。夫妻俩都在海底捞的，还必须考虑让他们单独住一个房间。

正是海底捞的幸福文化管理，不仅让每一个员工从内心感觉快乐，而且提升了员工的士气，从而在工作上更加努力。

所以，在阿里巴巴，他们最注重的是对人的管理，既然是针对每一个人，马云会让自己管理出幸福感。阿里巴巴的具体做法是：一、幸福文化是每个员工的核心需要，每个员工努力工作的根本目的是为了过上幸福生活；二、企业可持续发展的客观需要。

马云知道，只有让员工感到幸福，阿里巴巴才能最大限度地吸纳优质人才：企业应尽的社会责任。从人文角度来讲，阿里巴巴的终极之善是改变员工的生活，使员工获得幸福与快乐，这同样也是员工所期盼的幸福管理。阿里巴巴自始至终会多考虑一下员工的需求，多体会一下员工的幸福感。

工作不要太认真，快乐就行

马云一直积极致力于让自己的员工"上班像疯子，下班笑眯眯"，而不是把工作当成负担，每天像个苦行僧一样地活着。用他的话说："没有笑脸的公司是痛苦的。"凡是有助于推动快乐文化的任何事情，马云都乐此不疲，亲力亲为。工作的目的不仅仅是生存，而是通过工作（事业）获得成就感。年轻人如果体会到工作的乐趣，并能发自内心地快乐工作，那么，他的工作效率和执行力就会大大提高。

2006年11月，当卫哲辞去百安居中国区总裁来到阿里巴巴的时候，一下子就被当时员工的工作气氛搞蒙了。卫哲不解地询问一位淘宝网的新员工时，对方给他的回答是："难道你不觉得这是理所当然的吗？"事实是，两个月前，这位新员工还因不能理解公司的"疯狂"而独自窃笑。

这个传统零售业的"销售狂人"发出了这样的感叹："这恐怕是中国笑脸最多的一个公司，而且执行力超强。"

说起来，卫哲与马云算是老朋友了。第一次相遇是在2000年1月，那个时候，他们两人一起去美国给哈佛商学院的学生们讲课。当时，马云激情四射地描绘电子商务的未来，卫哲听得半信半疑，并没当回事。2003年，马云第一次向卫哲正式发出加盟邀请。卫哲没有回应，又不了了之。2006年，马云再次找到卫哲，他并没有直接邀请他，而是问了一句："你快乐吗？"事后，卫哲表示，就是这句话，让他下定决心加入阿里巴巴。卫哲承认，这句话直指人心。做事力求完美的卫哲一向是敬业的典范，但是快乐呢？这是他从未想过的。

马云一直致力于把阿里巴巴打造成一个快乐的团队，他非常懂得怎么抓住员工的心，并让员工在一个快乐的气氛中快乐地工作。

马云曾经说过："做企业赚钱，许多人都这么想，但这不是阿里巴巴的目的。让员工快乐工作，让用户得到满意的服务，让社会感觉到我们存在的价值，这才是阿里巴巴的社会责任感，至于赚钱和社会回报，那是水到渠成的事。"

例如，在阿里巴巴，马云就时常制造出各种花样逗员工开心。他喜欢和员工们一起玩围棋、玩四国，可是他玩得不好，常常是输多胜少，员工们总是笑他的棋艺太臭；和员工们一起玩"杀人游戏"时，因为话太多，总是第一个出局；并且，他把手机铃声设置成"我们是共产主义接班人"，每次听到这样的铃声，员工们都会在暗地里偷笑。

2012年，小米科技CEO雷军在接受媒体采访时曾表示，自己从现在起要向马云学习，强调快乐工作。

雷军向记者说道："我觉得在金山和在小米非常不一样。在金山虽然我们也有很多理想主义的东西，也波澜壮阔，但总觉得苦难深重；在小米我们脸上都是笑着的，基本没有什么苦难史，也向马云同志学习，强调快乐工作，拼命生活，反正就是一些很有意思的人。"

在雷军看来是心态决定了在金山和小米创业的不同感受。雷军说："我不考核员工，只要工作过程做得开开心心、热热闹闹，把事情做好就行；能卖多少台，能做多少事情，顺势而为、自然而然。'谷歌十诫'有10条名言，第一条就是，一切以用户为中心，其他一切纷至沓来。就是说，你如果真的以用户为中心，把所有的事情都做好了，其他一切就会接踵而来。可能我这么讲，大家又觉得我很狂妄，但我们真的下了很大的心思，想努力把产品做好。"

员工工作的目的不仅包括一份满意的薪水和一个好的工作环境，也包括在企业中能快乐地工作。马云曾经说过，人有一样东西是平等的，就是一天都有24个小时，不快乐地工作就是对自己不负责任。

所以，年轻人在经营公司、追求财富的同时，还应该提高自己的工作积极性和工作态度。千万不要对工作产生厌烦心理，要懂得营造健康、快乐的工作环境，展现自己的能力。

好玩、好看才好卖：阿里巴巴的娱乐营销

很多初入职场的年轻人会从事营销工作，但是，又会因为营销工作难做而心生抱怨。那么，马云是如何看待在别人眼里充满痛苦的营销工作的呢？

追求事业成功先追求快乐，这是马云的信条。所以马云对成功之道有另一种解释，他说："把枯燥的东西变得有趣，你就成功了。"对于一个企业来说，营销活动是一项严肃的企业行为，但阿里巴巴会将快乐融入其中，他们创造的"娱乐营销"收到了不错的营销效果。

马云绝对不是一个死板的人，这一点从他颇具颠覆性的创业之路上就可以看得出来。更何况，喜欢在镜头前抛头露面的马云，怎么看也不像是一个埋头苦干的"沙和尚"，反而更像极了一只胆大包天的"孙猴子"。在马云面前，没有他不敢尝试的事情，在别人看来不可能的事情只要他觉得有可能，他就一定会全力以赴地将其变为现实。

在淘宝网刚建立起来还没有多大名气的时候，马云就率先使出了娱乐营销这一招，直接将淘宝的名字摆到了大众的面前。

所谓的娱乐营销，就是通过娱乐的手法建立起产品与客户的情感，从而达到销售产品、提高客户忠诚度。具体来说，娱乐营销其实就是一种感性营销，也就是说，营销者不是从理性上去说服客户购买自家产品，而是通过感性共鸣引发消费者的购买欲望。这是一种极具中国文化特色的迂回营销策略，与直截了当的宣传相比，这样做比较含蓄，不是那种赤裸裸推销的行为。而越是含蓄的软广告越是能够起到很好的推广效果，从而使企

业品牌深入人心。

看过《天下无贼》的人即使忽略了电影中到处飘扬的淘宝网的小旗子，也绝不可能忘记曾经红极一时的"傻根"这个角色。后来淘宝网就为新推出的"支付宝"量身定制了一系列的傻根广告，淘宝也借《天下无贼》的贺岁片效应一时之间吸引了众多时尚消费群体的眼球。无疑，马云的娱乐营销策略的确达到了良好的宣传效果。之后，马云又乘胜追击，在与周杰伦的首次电影作品《头文字D》的合作中，淘宝网再一次在媒体前夺得了极高的曝光度，在追求时尚的消费者面前树立起了淘宝的时尚形象。

与当前最具时尚元素的电影合作，淘宝给受众的感觉不仅时尚而且还有青春感，这样的影响会让追求时尚的消费者更容易接受。营销不仅仅是枯燥的讲解宣传，更重要的是要让消费者欣然接受，从这一点考虑，销售就要好玩、好看，只有这样才能在消费者面前达到眼前一亮的效果。有趣味性的东西才更容易引起看客的兴趣，他们才更愿意深入了解，从而有可能从看客发展成为顾客。

淘宝的娱乐营销并没有在这里止步，由于淘宝网本身就是一个拍卖网站，之后的马云又将淘宝与电影进行了更加完美的结合，他通过拍卖电影中的道具进一步增加了网站的人气。在2004年初的北京国际广播电视周期间，淘宝网独家拍卖电影《手机》里的摩托罗拉手机等影视道具，消息一出就吸引了近百万网民点击参与。另外在与《天下无贼》的全方位深度合作中，淘宝更是推出一元起拍卖剧中明星使用过的道具的活动，再次吸引到不少网站流量。之后淘宝又以同样的方式拍卖了《韩城攻略》《头文字D》等多部时尚电影的片中道具，淘宝网顿时吸引到了许多时尚、追星族的关注，从而有效地达到了市场推广和宣传淘宝时尚理念的目的。

对于拍卖道具的活动，淘宝网总经理表示："联手《天下无贼》，不只是简单的市场推广活动，此举还反映了淘宝网对国内个人拍卖市场走势的判断。伴随着网上个人拍卖竞争的不断升级，市场细分势在必行。淘宝网将在进一步完善物品交易平台，打造网络诚信的基础上，发挥淘宝个性化、时尚化的优势，最大可能地推动和创造拍卖时尚、拍卖文化。"

淘宝从众多的营销手段中选择了娱乐营销，可以说是跟上了时代的脚步。马云说："如果到别的地方买东西能够得到更多的娱乐的话，会有超过70%的消费者更愿意到别的地方去消费。所以，如果你不想失去更多的消费者，就绝对不可以在娱乐营销面前有任何一点迟疑，有快乐的地方才能吸引到更多的消费者舍近求远前来购物。"这或许就是马云追求快乐的根本目的。现在，展现在我们眼前的完全就是一个泛娱乐化的时代，娱乐、时尚已经成为大众媒体最为追捧的吸睛元素，并且这部分追求娱乐的受众更是极具市场潜力，十分具有挖掘价值。而淘宝网在创立不久就能想到开采这块最重要的细分市场，以娱乐、时尚吸引消费者，再加上巧妙的娱乐营销，淘宝能够取得今天的业绩也就成了顺理成章的事情。

阿里巴巴的LOGO是一张笑脸

微笑是快乐的象征。马云说："阿里巴巴成立到今天，员工最大的快乐不是获得了多少分红。而是能把每一次收获的笑容加起来，1+1+1……，就变成了快乐人生。"微笑还是改变生活情状的力量。英国诗人雪莱说："微笑，实在是仁爱的象征，快乐的源泉，亲近别人的媒介。有了笑，人类的感情就沟通了。"这话一点也不夸张，微笑的确具有如此神奇的魔力！微笑还可以克服抑郁寡欢、空虚紧张、萎靡不振等不良情绪，从而促进个人的身心健康。马云因此说："笑口常开的人，往往会给自己一种心理暗示，并产生积极的反馈，使自己活得开心快乐。"

微笑是一种国际语言，不用翻译，就能打动人们的心弦；微笑是一种艺术，具有穿透和征服一切的自信魅力；微笑是一缕春风，吹散郁积在心头的阴霾；微笑是一抹阳光，能温暖受伤苦闷的心。

有人问马云："为什么阿里巴巴的人总面带着微笑？"他回答："因为他们开心呀！"马云非常爱笑，他其貌不扬，但他总拥有闪着光彩的笑容。阿里巴巴的LOGO是一张笑脸，马云希望每一个员工都有一张笑脸，并且永远要把自己的笑脸和快乐展示出来，马云说："优秀的团队不在于拥有多少个MBA，而是这个团队快乐与否。我希望我的团队都是像疯子一样去工作，虽然很辛苦，但是会很快乐，因为他们在做自己喜欢的事情。"

马云知道，笑是具有魔力的，它可以让坚冰融化，可以让心灵变暖，可以让别人对自己更加信任，可以让自己变得更加从容。可以说，没有什么东西能比一个灿烂的微笑更能打动人的了。所以，阿里巴巴更喜欢面带微笑的人。

张琴是一个喜欢笑的女孩，大学刚毕业那年，她看到阿里巴巴在招聘，于是就向阿里巴巴投了一份简历，阿里巴巴很快邀请张琴去面试。

面试的时候，或许是太紧张了，张琴表现很不好，但初试结束后，她顺利进入最后的面试。

最后一轮的面试官是马云。张琴听说后愈加紧张了，感觉自己在最后一轮肯定会被淘汰。

当她坐到马云面前的时候，马云果然问了很多问题，张琴感觉自己回答得很糟糕。但让所有人感到意外的是，马云对张琴投了赞成票。

马云在意见栏上这样写道："张琴没有工作经验，可以慢慢积累，但微笑却是天生的，和经验相比，我更喜欢她的微笑。"

微笑是内心愉快的表达，能感染每一个看到你微笑的人。在家里，在办公室，甚至在途中遇见朋友，只要不吝惜微笑，立刻就会显示出最有亲和力的一面来，因为微笑具有非凡的魔力。所以，马云喜欢面带微笑的人，因为微笑可以成就一个企业。

美国旅馆大王希尔顿年轻时雄心勃勃地经营着父亲留给他的资产，当他的资产增值到千万美元的时候，他欣喜而自豪地把这一成就告诉了母亲。谁知母亲的话出乎他的意料，母亲淡然地说："你和以前根本没有什么两样……事实上，你更应该去想一种办法留住你的顾客，让他们住过了你的旅店还想再来住，而这个方法又不用花太多的投资，这样你的旅馆才有前途。"

希尔顿经过了长时间摸索，终于找到了母亲所说的方法，那就是：微笑服务。这一经营策略使希尔顿大获成功，即使在希尔顿旅馆最萧条的时候，他也会每天对服务员说："你对顾客微笑了没有？"后来他们不但渡过了最艰难的经济萧条时期，还迎来了希尔顿旅馆最辉煌的时代。

同样的，年轻人必须得保持微笑，因为一个微笑可以让你和仇人冰释前嫌，一个微笑就可以让你建立一个美满的家庭，一个微笑就可以让你有勇气直面人生。一旦学会了微笑，你就会发现，生活可以变得简简单单轻轻松松，人生也会变得和谐而美好。

第 08 课

聚拢人心：让更多的人为你点"赞"

马云说："是成是败，看的是人聚人散。"在马云看来，成功者的背后一定会聚集一些人，因此，对成功的经营其实就是对人心的经营。当你能把人心聚拢在一起了，让更多的人"惟自己马首是瞻"，你就会一呼百应，很容易成就自己的事业。

粉丝是你最忠诚的支持者

粉丝是指对某人某事物持肯定或喜欢等态度,并对其保持一定的忠诚的人群。一位成功的明星需要粉丝的追捧,一件商品因为有众多的粉丝而会热销,在新浪微博中,一个人的"粉丝"越多,则表明他发表的微博可能会被越多人看到。粉丝的多少,反映支持你的人的多少,粉丝为你点赞,当然,他们就是对你忠诚的一群人。

所以,从明星大腕到商家巨贾,他们特别注重发展自己的粉丝。

随着互联网的发展与社交平台的逐渐成熟,现在已经走进了一个社会化媒体和移动互联网的"追星"时代,随之衍生出来的就是粉丝经济,也就是基于人与人之间的朋友关系建立起的粉丝社群模式,然后企业将这一模式应用到推广营销中的经济形式。说到粉丝经济,最具代表性的就是:苹果的果粉、小米的米粉、明星偶像的粉丝等,这些都可以算在粉丝经济中。

像阿里巴巴这样的电商平台,企业不再是以消费者的名称、会员卡号或者手机号码作为惟一识别方式,而是用社会化媒体的虚拟ID作为惟一识别。在此基础上,很多企业还自建或是消费者主动建立起粉丝社区,这在脸谱、新浪微博或是微信上随处可见。品牌依靠虚拟ID来识别粉丝,并积极建立起与粉丝的互动渠道,在沟通互动中不仅推广了产品,促进了消费,甚至还吸引来了更多的粉丝,从而最终形成大的社区和差异化的圈子,这样,较为完善的粉丝经济模式就建立起来了。

不过,需要注意的是,粉丝归粉丝,消费者归消费者,并不是所有的粉丝都是企业的忠诚消费者,毕竟来看热闹的"伪粉"也是不计其数。那么,如何将粉丝变成顾客就是营销的重中之重了。

阿里巴巴发展至今已经拥有了很多的粉丝,特别是马云,崇拜他的人更是不在少数,卫哲就曾经透露过,马云的粉丝多是60后。马云是创业者的"教父",是所有拥有财富梦想的人的偶像,对阿里巴巴来说,马云的粉丝团就是其最好的市场。

2011年5月25日晚,马云以TNC(大自然保护协会)全球董事会董事的身份开通了微博,微博的名称为"大自然保护协会——马云",一时之间引发了众人的围观与热议。

此次马云在新浪和腾讯同开微博,微博认证资料显示为"TNC(大自然保护协会)全球董事会董事马云"。当时马云就在微博上发了一条信息:"以艺术推动自然保护:我曾经对比过覆盖着森林雪山的长江源头和长江中下游,我找过很多历史资料对照几百年前的黄河跟今天的黄河,震撼太大了,'子在川上曰:相煎何太急!'"

马云第一次发微博,就引起上千条的评论和转发。微博开通仅10个小时,马云在新浪微博上的粉丝就已超过6万人,而腾讯微博也是接近2万人。

虽然这一次马云是以大自然保护协会的身份开通微博,但是其粉丝量由此可见一斑。

马云的"明星"效应到底多大呢?如果2013年11月16日你恰巧在银泰百货杭州武林店的话,哪怕你不是马云的粉丝,相信你也会被马云粉丝们的狂热而感染。

2013年11月16日是银泰百货15周年店庆,因为店庆的原因,银泰百货杭州武林店里的顾客比以往要多很多,不过3个男人的出现,瞬间将整个楼层的气氛炒了起来,因为顾客看到了他们的偶像——马云。

在"看,是马云""真的是马云"的一片热议声中,前一秒还在挑选商品的顾客都迅速朝着同一个方向涌去,一时间顾客的手机和摄影师的拍照声此起彼伏,在这样的环境下,就连保安也显得紧张了起来。

在人潮簇拥下,马云拿起手机简单操作,30秒的时间,就完成了他此行的目的——买了一双39元的男袜。之后马云就微笑着按事先安排好的路线离场了。而紧随其后的媒体和顾客却显得意犹未尽,继续追随,直到

第08课 聚拢人心：让更多的人为你点"赞"

被保安组成的"盾牌"堵在楼道口才悻悻而归。

马云此行当然不是为了买一双袜子，这次购物体验，将标志着银泰与支付宝开启实体店购物、手机支付宝付款的合作。

在此之前，银泰就已经与天猫成功试水，达成了"双11"O2O合作，在银泰百货门店做实体商品展示，顾客如果觉得满意就可以扫码到天猫上交易，并享受物流送货。

数据统计显示，银泰百货武林店16日单日总销售额突破1.5062亿元，高于去年同期的1.112亿元。

银泰百货武林店之所以能够再创新高，这完全要归功于马云此次的"御驾亲征"。明星的粉丝效应是可以转化为经济效益的，马云的现身让在场的所有粉丝都激动不已，心情好了当然会多买点东西。

马云受粉丝追捧的程度是不容小觑的，由此而产生的粉丝经济也是不容忽视的。每一个粉丝都有可能发展成为下一个忠诚的消费者，所以，你在打拼事业的过程中绝对不能忽视"拉粉"的工作。这就像是选举拉票一样，只有让大众看到了你的"魅力"，你才会从众多的竞争对手中脱颖而出。马云之所以能够拥有众多粉丝，很大一部分原因就是因为马云是个话唠，总是喜欢出席各种公众场合，并且一开口就是一鸣惊人的言论，而这正好给了大众了解马云，并成为马云粉丝的机会。

马云是个聪明的商人，他懂得自己事业的发展乃至打造一个生意兴隆的淘宝需要有固定的客源，这就需要有铁杆粉丝作支撑。所以他决不能吝啬于粉丝福利，只有让粉丝感受到了被重视，他们才会心甘情愿地为了自己的"偶像"消费，这也就是马云会有粉丝互动这一环节的原因。

粉丝的多少反映的不仅是公众对一个人、一个产品的支持率，更能决定一个人的成败。从某种程度上说，粉丝能左右阿里巴巴的成败。所以，你应该努力让自己有更多的支持者。

马云的策略：用领导魅力吸引人才

"赢在中国"的总制片人王利芬女士曾经感慨地说："在马云身上，有一点是一般人做不到的，那就是他没有一点虚荣心，他不怕没面子，能十分坦然地面对自己不太成功的过去，连自己的长相也在他自嘲之列。这一点对一个人来说真的很不容易，而且有许多人因为做不到这一点而将自己放大或架起来，之后要不断地为这个放大的或架起来的自我费许多的精力，要演戏。而马云不用，他台上台下都是一个人，真实地表达自己的不足，也真实地表达自己的才华。我很难想象什么人能将马云忽悠过去，也很难想象什么人能把马云的自信打下去，让他自卑。"

说起蔡崇信，了解阿里巴巴的人没有不知道的，他对阿里巴巴的发展起到了至关重要的作用。但说起他是如何加入阿里巴巴的，就不得不从阿里巴巴的企业文化和马云的个人魅力说起了。

当阿里巴巴关于电子商务的理念正受到一些国际投资集团关注的时候，蔡崇信正担任瑞典银瑞达集团香港区的副总裁，负责亚洲包括中国大陆的投资业务。他也对阿里巴巴很感兴趣，于是决定到阿里巴巴公司看个究竟。

蔡崇信的到来，让阿里巴巴的所有成员都非常高兴。因为蔡崇信此行的目的很明确：希望能够找到一个理想的投资对象。而这也正是阿里巴巴所希望的。蔡崇信在阿里巴巴见到了令他吃惊的一幕：一个四居室中，竟然有20多个人在工作，地上还扔着床单等乱七八糟的东西，从他们的表情中可以看出他们愉悦的心情，看出他们对阿里巴巴的热爱。见面后，马云对蔡崇信谈了自己对电子商务的看法，阐述了自己要做全球最大的B2B

网站的"芝麻开门"梦想等等。最后,虽然考察结束了,但马云与员工的"零距离"亲密、马云的梦想和个人魅力、阿里巴巴有别于其他企业的文化都让蔡崇信印象深刻。

就这样,马云的独特魅力吸引了蔡崇信。不久之后,蔡崇信辞职,加入了当时还处在成长期的阿里巴巴。就这样,蔡崇信由一个年收入达几十万的高级经理人,变成了一个月收入500元的阿里巴巴人。这一举动令马云十分吃惊,但蔡崇信坚持自己的选择,用蔡崇信太太的话说:"如果不让他到你这里来,他会后悔一辈子的!"

用自己的魅力吸引人才,这样的故事在阿里巴巴数不胜数。

有一次,马云受邀在哈佛大学讲演,他睿智幽默的演讲打动了哈佛的MBA们。经过马云"洗脑"后的哈佛精英们对于马云的崇拜已经达到了"五体投地"的地步,除了让马云享受了签名、合影等"星级"待遇,还有几个MBA当场拦住马云,要求和马云一起"芝麻开门"——到阿里巴巴工作。

的确,马云的人格魅力太强大了,而事实上这也是每一个出色的领导者所必须具备的素质。郭士纳在他的自传《谁说大象不能跳舞》中,谈到领导者的个人魅力时写道:"伟大的CEO会卷起他们的衣袖,亲自参与解决问题的活动;他们会身先士卒,而绝不是躲在员工的身后,指挥别人做事。"那么,在阿里巴巴,怎样才算得上是一位有魅力的领导人呢?

首先,要富有品格魅力。和蔼可亲对于一个身居要职的人来说是难能可贵的品格,这种和蔼平易在下属心里产生的影响力、感召力是很大的。还有的人可能性格和能力有点差强人意,但是心地宽厚、真诚待人,这也是一种品格的魅力。

其次,善于激励。在阿里巴巴,领导者的另一个身份就是教练,他要能激励员工的士气,传授给员工经验,解决员工的问题,令员工折服,必要时还得自己跳起来打仗。要让有能力、有意愿的人，死心塌地地跟着主管打拼，并且激励有能力却意志不坚定的成员提升意志力，这样的领导者才是最被推崇的。

第三，勇做表率。阿里巴巴的领导者如果希望自己获得员工的认同，就需要大胆试验，开拓他们的思路，自己做出表率。要通过以身作则、承担风险以及展现超群的能力，使追随者确信目标是合理的、是能够达成的。这种带领大家一起翻越高山、替员工遮风挡雨的精神，必定会成为最受员工喜欢的性格魅力之一。

此外，要做到心胸宽广。在阿里巴巴必须能为指出企业内部矛盾的员工撑起一把保护伞。这体现了一个人对不同文化、不同派系、不同事物是否有包容性，是否能团结不同性格、不同背景的人一起共事，能否容忍反对意见，甚至包容自己的敌人。在阿里巴巴当领导，必须具有这种宽广的心胸。

还有，要有远见卓识。作为一名领导者，有远见是至关重要的。你处在那样高的位置，就要有比别人更宽的视野，在处理某些关键问题时表现出别人所没有的高瞻远瞩的眼光，能够迅速做出决策，采取行动，把不确定性转变成机会和成功，减少追随者的担忧，并收获甚丰。这样的领导者一定会收获大家的信任和热爱，从而拥有一群心甘情愿的追随者。

最后，有极强的工作能力。领导的业务和决策能力很强，员工不会的事他会，员工做不了的工作他能做，这样自然能在员工心中树立威信，员工对他尊重甚至仰慕，魅力也就随之而来了。

经营理念深得人心，不靠控股来管人

有人说，马云手下之所以有那么多人死心塌地地追随他，归因于他采

第08课 聚拢人心：让更多的人为你点"赞"

用的"控股管人"的方式。对于这样的看法，其实是对马云的误读。马云深知，一个人是否能够让团队成员死心塌地跟随自己，并不是依靠自己手中所持有股份的多少，关键看自己的经营理念还有战略方式是不是能够深得人心。只有当所有的人都认为自己说得道理，并且认可自己的计划有可实施性时，才会真心选择跟随于自己。

2003年，马云在接受"财富人生"节目访谈时曾说过："从第一天起我就不想控股。一个CEO，一个公司的头儿绝对不能用自己的股份来控制这家企业，而应该用智慧、胸怀、眼光来管理、领导这家企业。如果所有的人是因为你控股而跟着你，这没有意义。所以我在公司的建设过程中，不让任何一个人、任何一个机构、任何一个投资者来控制公司，大家采取科学合理的管理办法。"

2005年8月，雅虎中国被阿里巴巴收购。雅虎倍嫁10亿美元，持有阿里巴巴40%的股权，成为阿里巴巴第一大股东。马云等创业者的股份再一次被稀释。至此，马云所拥有的股份仅剩10%。马云之所以从一开始就没想过用控股的方式控制企业，是因为中国有太多企业因为强调控股权与控制权，最终陷入利益争斗，影响了公司发展。而马云本人也有过这方面的教训。

在马云第一次创业"中国黄页"时，曾经与杭州电信有过一次合并。之后杭州电信控股70%，以马云为首的创始团队持股30%。由于马云在股权上没有优势，在董事会上，他们的意见总是会被对方否决，对方又提不出可执行的意见，结果马云什么也干不成。因此，"中国黄页"总是原地踏步，得不到发展，最后马云只好选择离开自己一手创办的公司。

在创立阿里巴巴后，为避免重蹈覆辙，马云在第一次全体员工大会上就强调了自己不控股、不控制企业的理念。马云说："我和我们所有的同事第一天就讲好给他们签股票证书的事。我说这张证书签回去交给你老婆，然后忘了它。如果你脑子里老是记着这些东西，你的事业不会成功，人也不会开心。"

马云善于运用最得人心的方式让每一个员工都感觉到贴心的温暖，在利益面前，蛋糕大家分，绝不会用自己的权力来压制下面的人。所以，在员工的心中，马云是一个好的领导者。

2004年底到2005年初，报纸、网络等媒体上迅速传播的头条消息莫过于蒙牛董事长、蒙牛最大的自然人股东牛根生要将自己持有的约10%的蒙牛股份全部捐献出来，创立保障蒙牛百年发展的"老牛专项基金"。牛根生的这种做法，改变了很多人对中国企业家的看法。

当然，这并不是牛根生第一次"散财"了，也不是蒙牛第一次散财。蒙牛除了"散财"给消费者，也"散财"给企业的职工，为企业职工解决后顾之忧，让他们可以安心为蒙牛工作，继续创造蒙牛的辉煌。这就是蒙牛提出的"财散人聚，人聚财聚"的原理。

在2007年《中国企业家》举办的"25位最有影响力的企业领袖"颁奖典礼上，柳传志是马云的颁奖嘉宾，他声称马云有4件事让他觉得了不得："第一个是对于阿里巴巴业务的战略布局；第二个是他这个网络服务企业对于文化的深刻重视；第三是他的谈吐；第四就是这次阿里巴巴上市以后，我在报纸上看到他把那么多的股份留给了他的同伴分享，自己只得了5%。这个胸襟，这个志向，我都觉得了不得。虽然他比我年轻得多，但是我真诚地向他学习，他很值得尊敬。"

年轻人要想获得人心，不要为了丁点利益便置他人于不顾，或者企图拿利益来控制别人。虽然重赏之下必有勇夫，但都是权宜之计。有眼光、有胸怀的人，会更加注重提升人格魅力，来获得他人的拥戴。

舍得付出：用5000万换来的信心和希望

年轻人想聚拢人心，就要学会付出。当然这个付出不单单是物质上的，还有感情上的，只有满足对方的物质和精神期待，你才能和对方建立良好感情，所以，你要学会用付出"收买人心"。

阿里巴巴作为一个互联网商业帝国，它所承担起的社会责任却并没有让任何人失望。作为阿里巴巴的带头人，马云也并没有让任何人失望，凭借着他的"舍"的智慧，一手将阿里巴巴打造成了一个拥有众多粉丝的商务帝国。

2009年5月10日阿里巴巴公布了当年首季业绩，由于销售、产品开发及市场费用上升，纯利润减少了15.73%；营业收入则为8.07亿元，年增长18.6%；毛利率由去年同期的88.4%，下降至86.5%。造成阿里巴巴业绩下降的主要原因是推出了全新的入门级服务产品Gold Supplier出口通版、升级了原有中国供应商等，使员工成本、带宽及折旧开支占比有所上升。

关于这件事马云也直言，当时做出这个决定确实很艰难。马云说："2008年2月份我们写出了'冬天的使命'这篇文章，中国的供应商原来每个有6万元的收费，我们决定把阿里巴巴的利润降低，阿里巴巴过冬一点问题都没有，但如果在阿里巴巴创业的企业失败了，冬天过去了，我们活下来，企业却都死光了，这是有违初衷的。所以阿里巴巴把收费从6万降到19804元，利润大大降低。"

尽管2009年阿里巴巴第一季度的业绩有所下降，但是马云表示他们非常满意。他进一步说道："我们少赚了5000万元的利润，但是帮助了5

别把抱怨当习惯：
阿里巴巴给年轻人的14堂智慧课

万家中小企业，5万家中小企业每家假如有10个人的话，50万人因此有了希望和信心，而我们只少赚了5000万元。"

马云一直以来都不是一个以赚钱为惟一目的的企业家，他所做的一切都是在实现一个梦想，目标会随时而变，但是都与敛财无关。而马云之所以会为了帮助5万家中小企业而放弃5000万元的盈利，完全就是站在中小企业者的角度考虑的。对于强大的阿里巴巴来说，少赚5000万元并不会对其造成多大的损失，但是对于中小企业者来说就不一样，这些钱完全可以帮到几万家企业，其受益人群更是可以多达几十万。所以，在马云看来，他们为此而少赚了钱也是非常值得的。

5000万元换来50万人的信心和希望，年轻人做人就应该像马云做阿里巴巴一样，在盈利的同时还要兼顾自己的"良心"，做一个对自己负责，对社会负责的、舍得付出的人，这样，才会获得更多人的认同和赞赏。

千百年来，无数事例证明：人心背向，决定成败。我们做事又何尝不是如此，如果要在激烈的竞争中立于不败之地，就必须设法赢得人心。

胡雪岩的钱庄开业不久，接待了一位特殊的客户。傍晚时分，一名军官手里提着一个很沉重的麻袋，指名要见"胡老板"。

胡雪岩来到钱庄后，这名军官把姓名和官衔报了出来："我叫罗尚德，钱塘水师营十营千总。"然后，把麻袋解开，只见里面是一堆银子，有元宝，有圆丝，还有散碎银子。随后他又从怀里掏出一叠银票，放在胡雪岩面前。

"胡老板，我要存在你这里，利息给不给无所谓，也不要什么存折。"

听了这句话，胡雪岩大为感动，一个素昧平生的人，竟然如此信任自己。不过胡雪岩心想，以罗尚德的身份、态度和这种异乎寻常的行为，这笔存款既可能是一笔生意，也可能是一个麻烦。

随后，胡雪岩了解到罗尚德是四川人，家境相当不错，因为自己要上战场，生死未卜，存折带在身上也是一个累赘。

得知罗尚德的具体情况，胡雪岩心里盘算了一下，说道："罗老爷，承蒙你看得起阜康，当我是一个朋友，那么，我也很爽快，你这笔款子准定作为3年定期存款，到时候你来取，本利一共1.5万。你看好不好？"

"这，这怎么不好？"罗尚德惊喜不已，满脸的过意不去，"不过，利息实在太多了。"

后来，罗尚德在战场上战死前，委托两名同乡将自己在阜康的存款提出，转至老家的亲戚家。罗尚德的两位同乡没有任何凭据，就来到阜康钱庄办理这笔存款的转移手续，阜康钱庄在证实了他们确是罗尚德的同乡后，没费半点儿周折，就为他们办了手续。

罗尚德的经历使阜康钱庄的声誉一下子就在军营中传开了。许多军营官兵把自己多年积蓄的薪饷甘愿"长期无息"地存入阜康钱庄。当时胡雪岩的钱庄是新开的，根本没有多少资金流通，可以说军营中官兵的这些存款成了阜康钱庄的"第一桶金"。

就是从这一点上，我们就能看到胡雪岩仗义而守信用的人品。对罗尚德的守信，使得胡雪岩赢得了湘军将士的人心，也为自己赢得了更大的财源。

对于一个企业老板来说，用高薪吸引人才固然是个不错的途径，但并不是惟一的途径，而且仅靠高薪吸引的人才，是不是能够竭尽所能为你工作，或者能不能死心塌地留在你的公司都是一个问题。人的需求是多方面的，对于真正重视自身价值的人才来说，金钱不是惟一的考虑。很多人要求自己在事业的成功中拿到自己该拿的那一份报酬，身为老板，就要舍得付出，不让人觉得自己被亏待了，这样就能够吸引很多优秀的人才。

打造团队精神：不抛弃，不放弃

马云有一句名言："什么是团队呢？团队就是（自己成功了）不要让另一个人失败，不要让团队中任何一个人失败！"不让团队中任何一个人失败，胜则举杯相庆，败则拼死相救，这才是真正的团队精神！一个群体要成为一个团队十分不易，要想使公司的每个成员都齐心协力，那么就应该坚持对每一个员工"不抛弃，不放弃"的原则。

马云曾经在人前笑称自己的团队就像"动物园"，这里容纳了各种古里古怪的人，有些人只会干活不会管人；有些人只会交际不会管理。阿里巴巴的员工来自16个国家，有德国人，严谨得有点严酷；有哥伦比亚大学毕业后在美国银行做了近10年研究的秘鲁人；还有韩国人、美国人。成长环境、文化背景都完全了同，有的人5分钟不说一句话，有的人说起话来一套一套，让人应接不暇。

从顾问软银集团董事长孙正义，到前世贸组织总干事萨瑟兰，还有前瑞典银瑞达集团的副总裁蔡崇信，都是威震四方的人物。蔡崇信之后，又有雅虎搜索引擎的底层专利发明人吴炯，GE前高管关明生等人加入，另外，还有和马云一起创业的"十八罗汉"，等等。这些人，表面看起来，参差不齐，特点、类型完全不同。为什么他们都听马云的？马云说："进了公司，就是朋友，我是捏他们的水泥，他们是石头。阿里巴巴也是水泥，把沙滩上小的石头捏在一起抗衡大企业。"

的确，正是因为马云将所有员工的利益与自己等同在一起，将自己融入员工中，形成一个巨大的团队，对每一个人都不放弃，所以他才能凝聚这么多的优秀人才加入阿里巴巴。

需要注意的是，团队不同于群体。群体可能与实际的战斗能力无关，而一个有高度竞争力、战斗力的团队，必须有"团队精神"。马云把团队精神和拥抱变化放在了金字塔的塔身位置，这是公司高效运转的重要保证。

可以说，一个聪明的创业者必然有着属于自己的创业团队，而在创业团队中也必然有落后的成员，不可能都一样优秀。对大多数人来说，如果能够以尊重人性、挖掘潜在能力为主要宗旨，那么便可以调动成员内部的所有能量，让员工士气高涨的同时，更具有责任感、团结力与信心。这样由一个个优秀个人组成的团队，怎么可能会不优秀呢？

正如马云说的：不让任何一个队员掉队！因此，每一个管理者都应当懂得不尊重团队中人的后果：

其一，轻易放弃打造一个成功的团队，只会让团队成员处于一种十分紧张的工作环境中，伴随而来的自然还有巨大的压力。何况放弃其中一两个，也会影响同事之间的关系，引起猜忌，造成团队精神力下降。在这种环境下工作的员工，可想而知心态有多么消极。

其二，轻易放弃团队中的任何人，容易引来员工的抱怨，被放弃者口服心不服，有时甚至会报复创业者，在团队中刻意地造谣以动摇人心并且让公司的名誉受损，这样的例子在商场上不胜枚举，最终管理者只会得不偿失。

在某期"赢在中国"里，马云现场点评时，曾说过这样一段话："我觉得这场比赛确实比较难，因为5个人都是创业者，要把5个创业者，5个都具有将来CEO特征的人，拼在一起做一个团队是不容易的，因为每个人都以自我为中心，所以我经常讲把5个MBA捆在一起做事业很难成功，因为每一个人都想当CEO，每个人都有自己独特的观点，很少愿意帮助别人。但在这个过程中，我们没有听见大家说，我希望队长赢，我希望5号赢，我希望1号赢。在整个比赛过程中，我观察很多细节，我注意到大家说，要是我万一去PK，赢的可能性就不大。这本身从一开始就错了。"

的确，团队需要的是共同进步，并不是为了自身利益而不择手段。因此，在实际行动中，马云为了让每个员工都跟上团队的脚步，给所有员工都提供学习的机会，以此来满足他们希望不断提高自身价值、不断成长的需要。

团队的凝聚力不仅是维持团队存在的的条件，而且对团队潜能的发挥有重要作用。一个团体如果失去了凝聚力，就不可能完成上级赋予的任务，本身也就失去了存在的意义。

总而言之，商场如战场，那些准备创业，或者已经创业的年轻人，若要打造一支高效的团队一定要本着"不抛弃，不放弃"的精神，牢记马云的忠告，不让任何一个队员掉队。一个没有一人掉队的团队、一个优秀的团队才能经得起汹涌的波涛和澎湃的巨浪。

财散人聚：让员工过上好日子

"财散人聚"源于《旧唐书》里的"财聚人散，财散人聚"，告诫人们要辩证地对待财富和人才。现在很多企业老板用人的时候，往往空头支票开了一堆，一旦达到目的后又开始找各种借口推托。试想，一个如此没有信誉的公司，如何能够收纳得住人才？

年轻人在成功之后，一定不要忘了一起拼搏努力的其他成员。一定要让每个人都能分享成功果实，获得充分的自尊，这样才会创造出更多的财富。只有分享，才能共赢。

在阿里巴巴，马云奉行的就是这样一种"财散人聚"的价值观，他从来不用蛊惑人心的口号，也不用写在纸上的几行文字来敷衍员工，而是让他们从物质上获得实实在在的报酬。马云曾说："一个优秀的管理者，要想到一点，我们需要雷锋，但不能让雷锋穿打着补丁的衣服上街去。"马云是这么说的，也是这么做的。

公司上上下下，马云从来没有亏待过任何员工，当然也包括跟他一起创业的"十八罗汉"。阿里巴巴上市以后，马云在股权上仅仅持有5%，其余的全部都分发给了他的员工和合伙人。

据阿里巴巴披露，IPO使阿里巴巴在一夜之间诞生4900名"小富豪"，这意味着，整个集团的7000余员工中，近70%都成了"富豪员工"。平均每名员工有万股，每人通过IPO得到的财富刚好100万港元。这是马云更乐意看到的结果。他深知，仅仅依靠价值观和梦想，是无法长久留住人心的。

对于马云的举动，吴炯至今仍觉得难以理解。他说："马云的胸怀，我很佩服。马云完全没必要给他们股份，但马云给了他们相当多。"

蔡崇信也说："马云把他自己的很多股份慷慨地分发给18个创始人，注重团队，注重朋友义气。其他的互联网创办人都是自己占30%～70%，大股东永远是大老板，这样的公司能否持续发展是个问题。马云提出公司是永远的，人是会换的。这是个健康的理念。"

据统计，在企业跳槽最高峰的时期，阿里巴巴的跳槽率是同领域甚至整个行业中最低的。对于这一点，当然，我们不难理解，是马云用实实在在的实惠感动了员工，从而使阿里巴巴在稳定的人员调配中逐步壮大和发展。

阿里巴巴之所以成为名扬海内外的大企业，无一不是聚集了大量优秀人才，而之所以能够留住这些人才，就在于阿里巴巴对这些人才十分"上心"。和马云一样，蒙牛集团老总牛根生就是这一观念最有力的实践者。

蒙牛集团在1999年创业之初，注册资本只有100万元。业界某元老闻知此事，拍案大笑："100万元能干什么！"出乎意料的是，牛根生以前在伊利的许多老下属听说之后，不约而同纷纷投资蒙牛。

他们之所以敢把钱投入一个前途未卜的新公司，缘于牛根生在伊利集团进行的"人情投资"。

因为业绩突出，伊利公司给他一笔钱，让他买一部好车，他却把钱分成5份，为5位部下每人买了一辆面包车。他曾将自己的108万元年薪分给了大伙，其他的小额分配更是难计其数。

牛根生的座右铭是"小胜靠智，大胜靠德"，他这么说，更是这么做的。他将蒙牛集团的股份几乎全分给了手下的人，他住的房子不如手下人住得大，他拿到的薪水不如手下高管拿得多。正是这种主动散财的精神，才使蒙牛集团迅速发展壮大，没几年便进入中国乳制品企业前三甲。

对于企业来说，企业疯狂敛财，忽略员工利益，则人心离散；企业发展了，处处把员工的利益放在前面，这样有利于人心凝聚。

浙江温州许多成功的民营企业家都深谙"财聚人散，财散人聚"的道理，他们纷纷建立现代企业制度，将家族股权稀释，即把股权分给经营管理、技术创新的新骨干，网罗经营人才、技术人才，广泛聘用职业经理人，实行所有权、经营权分离，令家族企业逐步过渡为现代企业，使企业越做越大。浙大兰德老总陈平随着企业越做越大，自己的股份却越来越少，最后只有10%。虽然自己的股份少了，但蛋糕却做大了。

散财聚人心，这是经商的至高境界。散财永远是激励部下奋勇拼搏的最佳途径，也是聚拢人心的不二法门。

第 09 课

敢于创新：要做就做别人不能模仿的

马云说："如果一个方案有90%的人说'好'的话，我一定要把它扔到垃圾桶里去。因为这么多人说好的方案，必然有很多人在做了，机会肯定不会是我们的了。"很多人总是利用经验和习惯去工作生活，新思维、新办法很难走进他们的脑海中，有些换个思路就能解决的问题，却因为自己的"守旧"而无法解决。所以，拆掉思维的墙，打破思维定势就会得到一个全新的世界，轻松解决很多难题。

第09课　敢于创新：要做就做别人不能模仿的

银行不改变，我们就改变银行

一名有智慧的人在遭遇难解的困局的时候，他绝不会坐以待毙，而是主动去寻求解决危机的方法。就算事实已经无法改变，但是脑海中却依然留有变革的意识。主动寻求新思路，这样才能让事情顺利进行下去。

2008年，在刚刚结束的APEC会议上，马云当选APEC理事会主席和APEC行动小组主席，下面是马云的一段演说：

"昨天已经过去，我们今天很多在悲哀的人，事实上我觉得悲哀的都是既得利益者，假如没有这场变革，怎么会有中小企业，假如没有变革，我们这些所有垄断的企业，怎么有利益在？所以说不破不立。

"我听过很多的银行讲要给中小型企业贷款，我听了5年了，但是有多少银行真正脚踏实地地在做呢？很少。如果银行不改变，我们就改变银行，我坚信一点，像马行长讲的，3年以后，这个国家、这个世界将会有更加完善的贷款体系给中小企业。以前只能听，今后可能会变成现实，我相信这个建设的机制会更好。

"假如你认为这是一个灾难，灾难已经来临，假如你认为是一个机遇，那么机遇即将成型。去年我跟大家讲，灾难可能会来，现在我告诉大家，机会的形成已经开始，大家开始进行准备吧，我们让经济学家去分析，为什么、还有多久，我们毕竟不是预测家。因为我坚信，在顺境时期会诞生伟大的企业，但是顺境时期也有垃圾企业。

"所以，今天我们不能等待政府，不能等待政治家。今天在呼唤政治家的时候，我希望我们能呼唤企业家的梦想、理想、价值观。呼唤起企业家的精神，共同参与应对人类最大的灾难。"

在当今社会，不仅形式能在瞬间千变万化，各类技术也是日新月异，因此，年轻人做事时必须动脑筋思考解决问题，决不能顽固守旧，而是要通过主动且积极的方式进行改造，这样才能为自己的人生注入更多的活力。

大多数人都知道，"二战"结束后，美国使全球经济、政治版图发生了巨大的变化。但是，任何时期的经济都是存在一定不确定性的。尤其是当我们处于一个动荡、变革的时期时，其首要任务就是确保自己以及所在团队的稳定，这样才能适应多种变化。更为重要的是，我们应该主动去寻求创新而不应该被动地适应，因为当一个人做事处在被动状态时，整个人生必然会在竞争中处于劣势，毕竟越是被动等待就越是会吃闷亏，原地不动就要挨打。

2003年，华罗鑫临危受命，被委任为阿尔卡特光网络事业部总裁，来挽救当时处境十分艰难的阿尔卡特光通信业务。光通信原本是阿尔卡特的王牌业务，但由于策略不当，加上市场竞争激烈，华罗鑫接手光网络部门时，正面临光网络业务大幅度滑坡。华罗鑫刚一上任，便废除了原先的一些陈旧规则，大力推行改革，从2003年到2010年，阿尔卡特的光网络业务重新焕发了活力，取得大幅度增长，再次确立了世界光通信市场的领导者地位。

2010年年初，华罗鑫空降任上海贝尔总裁，登临高位的华罗鑫说："通信行业正在发生巨大变化，阿尔卡特朗讯源自欧洲和美国的两家公司，历史上很多通信行业的重大变革都是由欧洲或者美国推动的，但是现在，通信行业的创新动力来自于中国等新兴市场。迎接挑战的最好方法就是主动变革，作为一个通信管理者，必须快速改变心态，对自己企业的技术研发、产品生产、方案集成等各个方面做出调整，主动应变。"

所以，在博取成功的过程中，面临一定的困境是在所难免的，困境当然不会自动消失，我们能做的就是想办法去化解它，这样才能化被动为主动。在年轻人成长的过程中，必然会遇到各种各样的阻碍自己人生发展壮大的困境，唯有敢于打破规则，找到改变规则的那个点，输赢的天平才会转向主动改变规则的那一边。

与众不同，才能吸引更多目光

马云曾经对自己的员工讲过："在所有人唱歌、跳舞的时候，我们讲话一定要轻，但是在所有人冷静下来的时候，阿里巴巴必须发挥自己的作用。"在这个世界上，成功者往往都是独辟蹊径者，而马云就是如此。

华人首富李嘉诚说："做生意主要有3种方式：一是创新，二是改进，三是跟风。创新吃的就是'一招鲜'，虽然不易，一旦使出来，却费力少而收获大。"当有些创业者在哀叹自己经营方式失败的时候，是不是也应该思考一下自己的视角是否过于大众化，经营方法是否缺乏特色？"

马云在谈及如何做好小企业的时候，建议一些中小公司不要盲目去模仿和抄袭大公司。就拿做网站来说，很多人在新浪、搜狐做过，出来后就会不自觉按照大公司的做法建立一些规范制度，但大公司为了稳妥，一般都比较慢。大公司为这个"慢"付得起代价，小公司不能用大公司的这种做事方法。

马云还讲过一个大象和兔子的故事：大象3天不吃东西也没事，但是新创业的公司像小兔子一样，每一步都要跑得快，要到处找食。本来就是个兔子，却以为自己是个大象，用大象的心态做事，在狼面前慢慢踱步，最后就会被狼吃掉。创业意味着要有创新的做事方式。

做淘宝的时候，马云依然像阿里巴巴一样实行免费政策，马云说："淘宝收费需要有一点创新的办法，我认为所有模仿的东西都不会超出自己的期望，Google 能达到超乎人们期望的高度就是因为他们的创新，而全球最大门户网站雅虎也是自己创新出来的。"

"与众不同"体现出一种独特的思维方式，那就是通过创新，让自己及所做的事情与别人有着本质的不同。正是这种不同，才能够吸引更多的目光，达到出乎意料的效果。

美国石油大王洛克菲勒曾说："如果获得财富那就选择一条新的道，千万不要在被别人踩烂了的路上继续寻找。只有与众不同，才能获取更多的财富。"每个人都应当有自己的特色，没有特色就很难在商场上发展。只有通过创新，让自己与众不同，才能在追求财富的道路上异军突起。

美特斯邦威有句经典的广告语"不走寻常路"，这不仅是美特斯邦威需要的，更是所有年轻人都要具备的能力。

艾瑞克大学没读完就退学了，之后，他便在离家不远的一家金融公司上班，下班后，他会去弗拉基米尔附近一带销售手工艺品，这些手工艺品是都是艾瑞克自己设计的。

刚开始时他设计的各种精致的手工艺品销量并不大，因为市场上比他更优秀的自制工艺品比比皆是。尤其当时市场上流行一种布娃娃，眼睛和手臂都十分灵活。各个商家为了吸引顾客，制作出了不同颜色、穿着不同衣服的布娃娃。看着其他商家的布娃娃大卖，艾瑞克并没有盲目跟风，而是静观其变。果然，这种娃娃并没有流行多久，很快便被新一轮的电动娃娃所代替了。

这个时候，艾瑞克突然冒出一个想法："既然我的产品在设计上并不占优势，我为什么不能从其他方面入手呢？只要让自己的产品与众不同，就一定能够吸引大量顾客。"于是，艾瑞克开始着手草编娃娃。当电动娃娃流行的时候，艾瑞克犹如一匹黑马从玩具市场中杀了出来。艾瑞克给自己的草编娃娃取了各种好听的名字，而且参照小姑娘的发型，做出了不同样式的草编娃娃，每一个草编娃娃都有自己的出生证明和小故事，很快，他的这些娃娃便被抢购一空。

如今，艾瑞克已经为自己的草编娃娃注册了专利，开始了大量生产。

年轻人的聪明才智到底体现在何处？人生成功的秘诀又是什么？告诉你，除了创新还是创新。学习别人的成功之处、借鉴别人的成功经验，再结合自身的特点加以创造性地运用，是站在巨人肩膀上的明智之举。

当然，创新说起来容易，做起来并不是件简单的事情。美国著名的

"氢弹之父"泰勒几乎每天都要思考10个与众不同的新想法,然而其中九个半都是没有价值的,可这并没有阻碍他继续思考。正是这些半个正确的创意,让泰勒创造了奇迹。

马云曾经说过。"我们可以学习别人成功的经验,但不可以复制别人的成功。"是的,每个人都有自己的成功方式,每个人也都有自己成功的捷径,并不是每个成功的模式都可以被简单复制。这既是经验之谈,也是英雄之识。因此,年轻人一定要懂得学会尝试着从不同的角度思考问题、解决问题,切忌盲目跟从,也切忌一根筋地僵死到底。只有根据当时的情况灵活应变,才能在未来的发展道路上所向披靡,一路前行。

没有突破,就等于什么都没做

马云说过:"做任何事,必须要有突破,没有突破,就等于没做。"企业竞争本来就是"逆水行舟,不进则退"。如果你没能拿出压制对手的发展策略,那对手就会拿出压制你发展的策略。

没有突破,就没有成功的人生。年轻人只有善于发现自己什么地方没有做好,什么地方需要改进,什么地方还能做得更好,才能成功。要学会为自己找一面镜子,看到自己的短处,也看到自己的长处。成功人生的关键就是要扬长避短,猛击对手的软肋。这就要求一个人要有自己的"拿手绝活",要能拿出对手没有的东西,也就是说,要通过创新,突破原有的限制,更好地发挥自己所长。

由马云带领着的阿里巴巴,从创建到发展,再到现在的电商帝国,一直都走在技术创新的路上。马云虽然不懂技术,但是他知道消费者想要什么。也许就是因为他不懂技术,他太"笨",所以才知道什么样的产品才是最好的,什么样的程序才是最适合广大消费者的。所以,马云才会从消费者的角度考虑,为了让消费者满意不断突破自己原有的技术及营销模式，不断地拿出更适合消费者的软件系统，以此来博得消费者的喜爱，如此一来，阿里巴巴的生意才会日新月异。而现在，阿里巴巴又计划着创造出一个物流的新时代——大物流。

阿里巴巴要想实现物流快速、安全、低成本的目标，就必须要从技术上彻底突破原有的物流模式，以全新的理念推动自己的发展。对阿里巴巴来说，物流无疑就是其最致命的短板，只有尽早解决这一最致命的问题，阿里巴巴才能够真正地直起腰来迎接更大的挑战。

1999年阿里巴巴于杭州建立，时至今日当初一个小工作室已经发展成为中国电子商务市场的领导者，市场份额高达3/4。阿里巴巴自己估计，到2016年的时候，年在线市场交易规模将会增长约2倍达到3万亿元人民币，到那时候阿里巴巴的实力甚至将会反超沃尔玛，登上全球最大零售网络的宝座。

为了实现自身的持续发展，阿里集团在物流上的摸索一直没有停止过，早在2007年9月，阿里巴巴就曾经针对物流战略做过研讨。目前的预想是，阿里巴巴未来运作成熟的物流体系集数据服务与仓储配送为一体。具体实践起来就是，商家为了能够让用户更快地收到发出的货品，要将不同的产品放在不同的仓库里，根据所在地区的不同选择当地更有优势的物流公司。大数据支撑下的订单、物流数据以及在此数据基础上形成的产品，形成"天网"；拿地、建仓储、构建与合作伙伴的合作模式等则购成"地网"，这就是阿里巴巴目前具有突破性的战略目标。

根据相关数据统计显示，电子商务的发展速度是物流和快递行业的5至6倍，这也就是说，随着近几年电子商务的飞速发展，物流困境已然成为中国电子商务发展的瓶颈。这也就形成了"得物流者得天下"的竞争局面。各大电商纷纷洒出重金投向物流领域，物流大战已经全面展开。而在这种局势的推动下，阿里巴巴可能会通过建立物流和支持系统改变整个零售产业，从而将其带入全新的、突破性的发展阶段。

从目前国内电商企业的整体现状来看，中国物流的信息化、智能化已经步入起步的阶段。涉足并整合物流业、实现跨地区的物流信息、促进传统物流向现代物流升级，已经成为电子商务发展过程中不可越过的问题。而阿里巴巴要想在这场竞争中占据优势，就必须从技术上着手，突破落后的物流模式，全面建立起新时代的物流系统，只有这样才能彻底突破物流对电子商务发展的限制。

要知道，没有突破就等于什么都没做，一个拿不出创新的人，不管当下多么强大，他迟早会失败的。阿里巴巴从建立到发展至今之所以能够一步一步做强做大，就是因为阿里巴巴一直都没有离开过创新，可以说，阿里巴巴的发展过程就是一个创新的过程。无论是支付宝还是余额宝，它们的出现都是这个市场的福祉，因为阿里巴巴的强大在间接中也带动了整个行业领域的奋进、革新。

成功的人生是一个不断学习、不断成长、不断突破的过程，可以说谁掌握了最先进的创新理念，谁就能够在竞争中尽可能多地占据一些优势。成功的人生就像是蜕变一样，只有蜕过几次皮才能够不断地壮大自己，只有突破原有的框架模式才能够登上一个新的高度施展自己的才华，为自己争取到一个更好的发展机会。所以，人生发展重要的是要有所突破，从本质上改变不适应自己发展的东西。没有突破就等于什么都没有做，单纯的修修补补不能从根本上解决问题。

标新立异，永远不做大多数

古人曾经总结过做生意的12字诀，"人无我有，人有我优，人优我特"。马云也认为，做生意，"做小了，就一定要做到独特"，亦步亦趋，永远跟在别人的后面是做生意最忌讳的。

作为企业，首先必须标新立异，吸引住顾客。靠什么吸引顾客呢？靠独特的经营个性和手法，靠商品的新奇与稀有。马云创立阿里巴巴电子商务网站的经历也充分证实了这一点。

1999年是互联网的春天。那时候，一个月之内会有数以千计的互联网公司出现。冯小刚的贺岁片《大腕》中有一句经典的台词可以精确地描绘出当时互联网的火热场面:"你花钱去建一个网站,把所有花的钱后面加一个零这就直接出售给下家了。"

但是,当时大部分网站的模式都和新浪、搜狐差不多。而马云并不认同这种模式:众多的中小企业主都是文化程度不高的人,如果用门户网站,会影响他们的使用。

马云已经决定在电子商务领域做一番事业,也明确了自己的服务对象,这些战略性的问题已经确定了下来,只是还没有确定怎么操作和运营。

辞去北京的工作,准备回杭州的时候,为了在走之前留下点纪念,马云和自己的团队一起去游览了长城。在长城上,马云看到了许多"某某到此一游"之类的话语。这些留言,触发了马云的灵感。于是,马云决定采取BBS的模式,把阿里巴巴办成一个"网上集贸市场",虽不美观但很实用。

事实证明,马云的决定没有错。几年后,阿里巴巴不但无人不知、无人不晓,而且还一直领跑在网络帝国的世界里,继续着一个又一个的商业神话!

日本企业界曾提出过这样一句口号:"做别人不做的事。"也就是说,开店做生意,要寻找冷门,独辟蹊径。马云也说:"一个项目、一个想法如果不够独特的话,是很难吸引别人的。"

最初,吴月在深圳的一家酒吧做服务员。一天,吴月给在电脑公司就职的男友送午餐,当时饭盒一打开,色香味俱佳的菜肴和美味的靓汤,马上引来了男友同事们的夸赞。吴月在欣喜之余突然领悟到:现代人的生活节奏快,工作压力也很大,写字楼里的白领们根本无暇准备午餐,往往只是随便吃点小吃,或去麦当劳、肯德基等洋快餐店,这样很不实惠。如果将精心制作的配餐和营养丰富、热气腾腾的家煲鸡汤及时地送到这些工作繁忙的白领一族面前,一定会有市场。

吴月为这个想法兴奋不已,她准备利用自己出色的厨艺,在一个公司林立的商业区开家餐饮店。可是繁华地段的房租贵得惊人,一个不大的店铺每月都要2万元,如此做起来她的小店很可能入不敷出。

这时,吴月的男友向她建议说,有一个不需要投资的经商方法,对想当老板但又缺少资金的年轻人很适用,那就是"零成本"。真是"一语惊醒梦中人",对互联网并不陌生的吴月听了男友的点拨后茅塞顿开。

于是吴月辞去了酒吧的工作,决意做个"网上老板"。之后,她查阅了大量的食谱,为顾客精心设计了20多种不同风味、搭配合理的套餐,男友还为吴月制作了一个精美的网页。经过半个多月的准备,一个"网上快餐店"终于开始营业了。

3个月后,吴月的餐厅逐渐红火起来。一到中午,吴月房间里的电话铃声就此起彼伏、应接不暇,订餐的E-mail有时简直能挤爆她的电子邮箱!

阿里巴巴的经营模式看似是一个相对比较复杂的过程,但它更是一个新颖的、创新的、灵活的、有活力的过程。所以,年轻人要想自己的人生出彩,就不能一成不变地沿用别人的路子,照搬别人的思想,否则只能导致失败。

在这个信息泛滥、商店林立、充满着竞争与挑战的时代,所有人都有"如今生意难做、钱难赚"的感觉。但生意越难做,就越有人会赚钱,因为他们总能棋高一着,靠自己独具匠心的产品和服务吸引顾客的眼球。钻冷门,钻空档,经营的产品要越新越好、越独特越好,这是做生意的最大智慧。如果你的产品或服务属于行业中的独一份,或者排头兵,那么你的生意就没有不成功的道理!

挑战我们一直认为对的事

马云在动员阿里巴巴成员改革创新的过程中曾经说过:"我们的流程有没有问题,我们的思维习惯有没有问题,我们敢不敢挑战我们一直认为对的东西。我相信,天下有一千个问题,就有一千个回答。创新绝对不是提前就设计好,按图索骥地一步步走下来。创新没有理论,也没有公式,就是一个个地解决问题。"

事实上,每个人自身条件不同,做事风格特点也不同,我们一定要学会不断地创新,决不能一成不变地模仿别人的成功模式。在马云眼中,只有弄清楚现状,勇于改变,不断尝试挑战,才能打破陈旧规则,解决问题,寻求新的人生突破。

2012年,马云在北京接受电视采访时透露,未来阿里巴巴将分拆成30家公司。这一分拆次序吻合马云当年9月提出的"平台、金融、数据"梯次战略。提出这一战略时,阿里巴巴的One Company战略达成还不到3个月。

13年的电子商务历史,让阿里巴巴成为这一改变的引领者,但过去的成功已经过去,马云深知,如今时代已经开始发生改变,尤其是电子商务的平台游戏即将结束,新经济时代的大幕正式开启,在这个新时代,移动互联网、云计算和大数据这3个领域的技术创新结合起来,将创造出崭新的商业形态乃至社会形态。

因此,马云说:"新时代的游戏规则并不确定,但因循守旧一定是错的。记住我为什么变革,因为明年后年是阿里巴巴的黄金时期,我们绝不能在公司失落的时候再去变革。"马云心中十分清楚,这一次重构阿里巴巴,不仅包括组织架构上的分拆重组,还包括重建公司的生态系统。这是一次创新,更是一次变革。

一个智慧的成功者必须具有强烈的事业心和责任感。因为只有具有高度使命感的人，才会有强烈的忧患意识，才能"先天下之忧而忧"，战胜自我，不断寻求新的突破。如果一个人本身总是因循守旧，那么在遇到问题时就必然会因为毫无创造性思维而陷入困境。

另外，勇于创新不仅能够帮助管理者改善公司的现状，让公司在时代变革中继续稳定地向前发展，而且对于管理者自身来说，也能够提升自我能力。因为在创新的过程中，管理者经过不断地学习充电之后，能够更好地了解未来市场需求，大胆开拓，不断开发新产品。

当然，一个人在做出某个改变与突破时，一定要提前掌握相关的市场信息，并且做出风险预测。只有在良好的前瞻能力和信息收集能力下做出创新，才能在接下来的实践过程中勇敢尝试。

福田汽车快速崛起的秘密是什么？因素不止一个，但管理创新是其中尤为重要的。

福田成立之初，在管理方面采取了大胆革新的模式。它规避了传统企业的种种弊端，以市场为导向，成功转化为市场型企业。在成功转型之后的4年内，福田很快从一个没有资质、没有背景的股份制企业，一跃成为中国的轻卡销量冠军，这是因为福田建立起了以市场为导向的管理模式和"用户需要什么，就生产什么"的理念。

2011年，福田汽车又提出了"商业模式、科技创新、管理创新、人才开发、全球化"的经营方针，并设计了全新的经营管理体制，初步设计了以产品创造和商品制造业务为基础的组织与流程体系，同时规划出企业5大核心业务——战略与绩效、产品创造、商品制造、服务支持和制度与企业文化。以此为基础，设计了一级、二级业务，流程，组织与职务架构，最终建立以市场、客户为导向的战略中心型组织。围绕这一管理架构，以业务、流程、组织、能力的思路进行业务重组。

可以说，正是管理创新，让福田脱颖而出，在艰苦的环境中，不依靠扶持而能迅速成长；也正是管理创新，让福田成为汽车行业发展的方向标，成为很多企业学习效仿的对象；同样是管理创新，让福田汽车再一次立于中国汽车行业转型升级的潮头。

　　契诃夫曾说过:"路是人的脚走成的,为了多辟几条路,必须多向没有人的地方走。"作为热衷于为自己事业奋斗的年轻人,除了对事情要有果断的决策力和行动力之外,还要有创新的勇气。要知道,不敢下水,害怕呛水的人,永远也学不会游泳。

　　所以,年轻人若想要让自己在竞争激烈的社会中不随波逐流,那么就必须提高自己的创新思维能力,不盲从已有的经验,不依赖已有的成果,独立地发现问题,独立地思考问题,这样才能独辟蹊径,找到解决问题的新方法。

第 10 课

抓住机遇：机会太多，你只能抓一个

俗话说："机会是成功的前提。"所以，成功的关键在于你会不会抓住属于自己的成功机会。我们不妨看看马云的成功历程，他的成功脱不开"机会"二字，从中更能看出马云寻找和利用机会的智慧。马云给了我们巨大的启发，他教会我们在面对机会时如何能抓住机遇，利用机遇，开辟自己的成功。

机会很诱人,但也要敢于拒绝

对一个人来说,机会代表着利润,代表着名誉,代表着广阔的前景,所以管理者唯恐得不到或者错过。其实,每一个机会都是一种诱惑,把所有的机会都握在手里,不一定是好事。我们也应该是战略家,不只着眼于现在,更懂得高瞻远瞩,拒绝不合时宜的机会,有所不为而后可以有为。

明白取舍之理,是一种人生的境界!鲁迅说:"我们要学会取舍,对于好的东西,诸如西方的先进技术,我们要'取',要拿来。对于又好又坏的,我们可以取它好的一面,如鸦片,可送入药房,对于无用的如'姨太太',我们要'舍'。"这也是强者生存之道。

马云曾打过这样一个比方:"看见一群兔子,你到底抓哪一只?有些人一会儿抓这只兔子,一会儿抓那只兔子,最后可能一只也抓不住。CEO的主要任务不是寻找机会而是对机会说NO。机会太多,只能抓一个。只能抓一只兔子,抓多了,什么都会丢掉。"

马云在创立阿里巴巴的时候,遇到过很多赚钱的机会,但是他都放弃了,因为他很清楚自己的最终目标是什么,所以他能带领阿里巴巴取得今天的成就。

2005年5月,《财富》杂志论坛会在京举行。在这次论坛会上,与马云一同参会的还有商界的两大名流,一个是eBay公司总裁兼首席执行官梅格·惠特曼女士,一个是雅虎联合创始人、雅虎"酋长"杨致远。他们一致看好阿里巴巴的未来,并不约而同地向马云抛来了"橄榄枝"。尽管在当时的中国市场,eBay一直都是阿里巴巴的竞争对手。但是eBay却开出了与雅虎同样都是10亿美元资金加中国本地公司的高条件,以此来换取阿里巴巴的股份,并由马云及其团队来经营。

机会有时候很诱人,但一定要学会拒绝。机会太多,不会拒绝就会像掰玉米的猴子,甚至什么都会丢掉。但要是拒绝能让阿里巴巴获得快速发展的机会,那就是最大的愚蠢了。最终马云选择了雅虎,因为马云认为,雅虎中国能给马云及阿里巴巴带来更大的成长空间,而eBay与阿里巴巴的重复太多。

每个人在创业之初的时候,首先要做的并不是要做得多大,而是应该抓准一个点做深、做透,这样才能积累更多的资源。即便是一些已经成熟的大公司,它们在走多元化路线的时候,也不见得就一定会成功,而一家新生的小公司如果到处去铺摊子,那只会无谓地消耗有限的资源,加速自己的灭亡。

日本著名的钢琴演奏家小山实稚惠,在被记者问及大赛与职业生涯的关系时曾说过:"大赛的真正意义是令你脱颖而出,得到许多演奏机会和邀请,但你能不能在心理上和体力上很好地应对,你的节奏会不会被打乱,就成了问题。如果你不懂得如何拒绝,很有可能失去自我。对音乐来说,最理想的状态就是在自己想弹的时候弹,准备好了再弹,这样才能弹出真正的音乐。"

个人的发展历程往往和小山实稚惠一样。在人生的道路上,我们所遇到的机会都不止一个。面对一些很好的机会与诱惑,年轻人更应当学会取舍,只有懂得放弃一些才能得到另一些,如果一味贪多,往往会"嚼不烂"。

2002年,从国际互联网泡沫中恢复的中国互联网行业开始回暖,坚持存活下来的阿里巴巴境况好转并开始盈利。一些公司高层认为,阿里巴巴已经拥有众多有价值的注册客户,资金也足够开拓一个新领域,是时候寻找新的机会和新的增长点了。

当时,房地产市场已经开始升温,部分投机商人掀起了炒房热,于是

第10课　抓住机遇：机会太多，你只能抓一个

就有高管建议去做房地产，或者是投资进入网游和短信市场。这两个市场都有很好的发展空间，盈利前景十分诱人。还有人建议阿里巴巴在旗下设立一个新公司独立运作，既可以增加收入来源，还可以分散 B2B 不成熟的风险。

但是马云却说："如果我们投资短信很快会赚钱，2002 年、2003 年短信业务拯救了中国互联网很多站点。但是我后来发现它不可能从根本上拯救中国互联网经济，只能够在一段时间内缓解颓势。"马云认为，在全世界时间不值钱的国家里游戏是最畅销的。全世界最先进的游戏国家是美国、韩国和日本，但这些国家都不鼓励自己的老百姓玩游戏，它用来出口。他说："游戏不能改变中国现状，如果我们的孩子热衷于玩游戏，那是很可怕的事。"

所以阿里巴巴永远也不会做游戏。马云始终专注于电子商务这一条道路上，最终阿里巴巴获得了空前的成功。

在短信、游戏和电子商务三者中，马云最信任、最看好的还是电子商务的前景。也正是因为他能够秉持心中理想，能够盼着电子商务的道路一直走下去，才能获得今天巨大的成功。

马云曾经说过："我觉得一个人最重要的是耐得住寂寞，挡得住诱惑。我们第一天集中在 B2B，今天还是如此。不管外面的潮流怎么变，我们学习，但是不跟随、不拷贝。后来各种概念很多，阿里巴巴也面临很大的压力，也有很多其他的机会，在这1年时间内我们面对机会斩钉截铁地说了无数次的'NO'。我们朝着既定的方向往前走，不管外面怎么变化，我们还是不受干扰，走自己的路，用心去做。"

马云的这种理念史玉柱也非常赞同，他这样说过："一个企业不是说产品越多越好，不是说产品型号越多越好。其实有一个主打产品，有一个特别大的产品，就够了。"一个人想做的太多，结果可能什么都做不精。何况如今社会分工越来越细，专业化程度越来越高，年轻人要想在属于自己的一方领域中拔得头筹，那么就应该有放弃机会的勇气。

创业拼的是对未来的预见

生意场上,如果谁能预测市场未来的变化,谁就将是最大的赢家。这种预见能力就是眼光。创业,你可以没有资金,但是绝对不能没有眼光,因为你的眼光会让你发现更多的机会。

2013年5月28日,宣布辞任CEO仅18天的马云,在深圳宣布组建"菜鸟网络科技有限公司"并任董事长,马云进军物流。"菜鸟网络"物流公司首期投资1000亿元人民币,二期达到2000亿元。马云强调"做物流绝不是心血来潮"。

在阿里巴巴建立之初,马云曾经就有过创办物流的想法,只不过当时的阿里巴巴才刚刚踏上成长之路,所以虽然这种想法一直都被马云镌刻在脑海中,但由于时间问题而被延后。

2009年,根据中国快递协会的统计,全国的包裹已达20亿件,其中约10亿件来自淘宝网。此时的阿里巴巴集团就像一个商场运营商,商场里的店铺都租出去了,客户买东西也都实现刷卡消费了,但物流配送,还停留在20世纪80年代农村集贸市场的水平。这也影响了阿里巴巴集团在稳定住C2C、B2B市场后向B2C市场发力的进程。

因此,进军物流行业终于被马云提上了日程,成了其有生之年必做的一件事。

2007年,在阿里巴巴战略讨论会上,"物流"两个字就已经被当作当天讨论的重点而提出。只是当时这个未成形的想法最先是通过投资的方式来探索的。

2010年初,阿里巴巴选择了星晨急便作为自己物流上摸索的第一块试验田,并向外界传达了"云物流"的概念。然而2012年3月,星晨急便却因资金告急而宣告破产,阿里巴巴也因此蒙受不少损失。随后,阿里巴巴又通过不断结盟来试图改善物流环节。2011年，淘宝宣布结盟第三方服务商；2012年5月，天猫宣布与包括中国邮政在内的9大物流商结盟。但是，"双11"仍然因订单爆仓而饱受诟病。

经历过种种物流阵痛后，2013年5月，马云痛定思痛，将梦想提上了议程，其架构的物流网络"菜鸟"终于起飞。尽管24小时必达的目标在业界看来有些渺茫，但马云坦言，"谁都不能保证你一定不失败，但是万一被我们搞成了，我觉得今生无悔。"马云也特别强调，阿里巴巴永远不会做快递，而是联合产业链上下游合作伙伴，创建一个基于数据的物流基础设施平台。对于菜鸟网络，阿里巴巴仍然延续一贯的"平台化"布局思路。

1995年，马云第一次接触了互联网，当时他就觉得互联网有一天会改变人类，可以影响人类的方方面面。但是它到底怎样影响人类，对这个问题当时的马云并不清楚。马云将自己形容成盲人骑瞎虎，虽然根本不明白将来会怎么样，但是他坚信互联网将会对人类社会有很大的贡献。

每个人都有大脑，却非每个人都有智慧；每个人都有眼睛，却非每个人都有眼光；每个人都有双手，却非每双手都能抓住机会。机会永远给有智慧、有眼光、善于抓住机会的人准备着！

肯德基在打入中国市场之前，公司曾派一位执行董事来华考察。他站在北京街头，看着街上流动的人群穿着都不怎么讲究，于是便认为中国消费水平低，想吃的人多，但是肯掏钱的少。公司认为他是仅凭感觉做出预测的，因此被总公司以不称职而降了职。

后来公司又派了一位董事前来考察，这位董事先是在北京街头用秒表测算出人流量，然后请500位不同年龄、职业的人品尝肯德基炸鸡的样品，并详细询问他们对炸鸡的味道、价格等方面的意见。不仅如此，他还对北京的食品原料行业做了一番调查，并得出结论：如果肯德基能够打入北京市场，必然会盈大利。果然，北京的第一家肯德基开张不到300天，盈利就高达250多万元。而这位有独到眼光和头脑的董事回去后不仅升了职，还被指派负责中华区域的肯德基经营管理工作。

美国经济学家布坎南曾经说过:"对于21世纪的商人而言,头脑是最大的资本,因为,做对的事情远比把事情做对更重要。善于经营的商人,通常都有着敏锐的眼光,更善于因势导利,面对不同的实际情况采取不同的策略。"

有记者曾在采访世界首富比尔·盖茨的时候问他:"您能快速成为世界首富的秘密是什么?"比尔·盖茨回答说:"很多人看待微软的成功只是技术、人脉和市场营销,其实这些都只是表象,我成功的秘诀很简单,就是一个好眼光。"

香港富豪李嘉诚曾经在谈到自己的经营心经时说:"好景时,绝不过分乐观,不景气时,也不过度悲观。在衰退期间,大量投资。我们主要的衡量标准是,从长远角度看该项投资是否有赢利潜力,而不是该项资产当时是否便宜,或者是否有人对它感兴趣。"正是凭借这样长远的眼光,李嘉诚的事业取得了极大的成功。

年轻人要创业,就必须要具备高瞻远瞩的战略性眼光,能够准确地预测未来,如此才能把握时代的脉搏,顺应社会发展的趋势,才能把握机会,摘取成功的果实。

聪明的人,善于发现并抓住机会

马云曾经说过:"如果我马云能够成功,那么80%的年轻人也能够成功!"可为什么那么多人没有成功呢?除了创业激情,吃苦耐劳的精神,还在于马云有眼光。马云是一个善于发现商机的人。

马云的出生地杭州,是中国经济最成熟的长三角经济圈,有着中国最为庞大的从事外贸业务的中小企业集群,也是中国民营经济最为活跃的地方。

第10课　抓住机遇：机会太多，你只能抓一个

作为土生土长的杭州人，马云对中小企业的需求有着最为深刻的体会：购销信息的缺乏、产购信息的不对称，以及国际业务和转口贸易的成本偏高，是让这些中小企业主十分头疼而又一直没有办法解决的问题。

马云就从这里看到了商机：中小企业使用电子商务将会是未来的一种趋势。马云坚信："互联网对于发展中国家是机遇，对中小企业是机遇，互联网是以快打慢，以小博大。竞争会迫使更多的企业上网。不上网的企业，会老不会大。"

于是马云毅然放弃在北京已经稳定的事业，回到杭州，建立了自己的阿里巴巴竺获成功。

很多机会就好像蒙尘的珍珠，让人无法看清它华丽珍贵的本质。成功的人不会等尘埃完全散去才去拾起宝贵的珍珠，他们往往会先出手，再全力以赴冲向目标。

100多年前美国《纽约时报》对电报诞生25周年发表了一篇简短的社论，其中传达了一个重要信息：电报的诞生使得现在人们每年接受的信息量比过去翻了一番。看到这一消息后，16个美国人都萌发了创办一份文摘性刊物的念头。他们都有前瞻的眼光，认为这类刊物必定有广阔的市场。

来自各行各业的这十几个人开始着手行动起来，在不到3个月的时间里，他们陆续领取到了执照。然而，当他们到相关部门办理有关发行手续时却被告知，该类刊物至少要等到明年选举过后才能在征订和发行上允许代理。

为了免交执业税，其中的15人听到这一答复后，暂时停止了行动，他们向管理部门递交了暂缓执业的申请。只有一位叫德威特·华莱士的年轻人没有理睬这一套，他回到家，和他的未婚妻一起糊了2000个信封，装上征订单让邮局寄了出去。

从此，世界出版史上一个奇迹诞生了。到2002年6月30日，他们创办的这份文摘类刊物《读者文摘》已拥有19种文字、48个版本，发行范围达127个国家和地区，订户1亿人，年收入5亿美元。

都说有心人创造机会,而无心人只会让机会白白地溜走。其实文中提到的16位都算是有心人,但是在机会真正来临的时候,只有德威特·华莱士坚定地抓住了,因为他真正顶住了压力和困难,抓住了那困境迷雾之后的机遇。

事实上,大地回春向万物发出了请柬,但并不是每一粒种子都能发芽。机遇面前人人平等,只不过看谁能发现机遇,抓住机遇。如今的年代是一个蕴藏机遇颇多的年代,需要更多的年轻人运用智慧的眼光才能去发现和抓住这些隐藏的成功因素。或许这些隐藏的机遇中有好也有坏,与其最后抱怨没有抓住,不如"宁可错杀一千,也不可放过一个"。

机遇,就是永远能抢在对手前面

有人说,如果说资金与资源是工业社会最重要的竞争要素,那么时间优势则是信息时代最强大的竞争战略武器。的确,在现今社会,职场的人在不断增加,如果你选好了一个工作却不赶紧行动,就会被对手先行一步,而你的成功机会也会因此而大打折扣。

抓住机会对于阿里巴巴人来说很重要,那是决定工作成败的关键所在。那么,什么是商机?并不是等到所有人都听到了发令枪响才是商机,用马云的话说:"如果时机成熟,就轮不到我来做了!"相反,恰恰是大部分人都还处在"看不到""看不清""看不懂"的时候才是最好的商机。

在马云创立阿里巴巴的时候,很多人都不相信一个见不到人的平台能给人们带来机会和诚信。然而,就在这时,马云推出了"诚信通",这不仅解决了当时人们都在担心的问题,也使中国进入一个新的网络交易时代。

人们常说,弱者等待时机,强者创造时机。尤其是在这样一个信息时代,对于阿里巴巴人来说,时机就是商机,商机就意味着成功。

就拿大家都熟悉的诺基亚来说,它能够多年来一直保持手机行业龙头老大的地位，与其快速的技术创新能力密不可分。诺基亚认为，要在激烈的市场竞争中生存下去，永远走在别人的前面，永远比别人快一步是惟一的途径。诺基亚不断加快新品的开发速度，并承诺每年都将拿出总营业额的5%用于研发新产品。目前，其新机型开发周期平均缩短到不足35天，而业界平均需要半年甚至更长。

例如，在中国手机市场变化越来越快，各大手机厂商纷纷加快新机推出的速度的时候，东芝手机推出新品的速度明显太过缓慢，而这种缓慢使东芝手机错失了许多市场机会。尽管东芝在中国最先推出低温多晶硅手机屏幕、最先配备CCD摄像镜头、最先实现手机的视频拍摄功能，但高品质的产品根本挽救不了企业失去时间优势所造成的被动局面，最后只能被淘汰出局。

要知道，今天的竞争规则已经不再是大鱼吃小鱼，而是快鱼吃慢鱼，在以互联网为代表的新经济时代，则更是如此。在阿里巴巴看来，想抓住商机，就要在思想和行动上做好准备，主要有以下几点：

1. 拥有先入为主的时间观念

对阿里巴巴来说，时间就是金钱，时间就是财富，因此要牢牢树立起"时间就是商机"的观念，做到以快取胜，创造时间效益，不轻易放过任何机遇，这样才能够及时捕捉到市场机遇。

正如马云所说的："做互联网就好像冲浪，机会稍纵即逝，不能等浪够高的时候再冲，要随浪而高、随风而变。"其实，无论在哪个行业都是如此，如果没有一种先入为主的竞争激情，最终都会在竞争激烈的工作中被淘汰出局。现代人以市场需求为核心，而市场又是瞬息万变的。因此只有抓住机遇，争取时间，才能因势利导，化险为夷，在竞争中取胜。

2. 拥有超前的信息观念

必须以重视信息、充分利用信息为指导思想。市场信息是有关市场状况的消息和情报，是现代企业进行市场活动的重要资源。企业的一切活动，从战略方向的确定到目标市场的选择，从产品设计到产品售后服务，都要以信息为先导和依据。信息的这些作用无疑决定了信息观念的重要地位。信息是管理者的耳目，要捕捉到市场机遇，就必须能掌握来自各方的信息，知己知彼，方能取胜。

3. 拥有合理的效率观念

在现代市场活动中,"快"是一大特点。市场机遇来得快,消失得也快,消费者的需求变化快,竞争对手崛起也快,这些都要求企业能做到信息快、决策快、营销快,归根到底就是要求企业效率高。高效率能减少劳动的支出,降低成本,为实施廉价策略创造条件。树立起效率观念,就能以快动作、低成本、高收益来捕捉到市场机遇,掌握主动权。

4. 拥有不屈不挠的竞争观念

要捕捉到市场机遇,就必须积极参与市场竞争,在市场上争客户、争质量、争效益。竞争的规律是市场经济发展的必然规律和客观要求。

5. 拥有承担风险的心理素质

我们必须以敢于承担风险、善于避开风险、减少风险、分散消除风险、化风险为机遇为指导思想,才能够做到敢为人先,领先别人。

马云这样说过:"我们已经进入了一个全新的时代,在互联网竞争法则下,大公司不一定能打败小公司,但是快的一定会打败慢的——你不必占有大量资金,因为哪里有机会,资本就会很快在哪里重新组合。速度会转换为市场份额、利润率和经验。"

正如马云所言,随着互联网的不断发展与深化,市场竞争已进入了一个全新的时代。过去人才赢得竞争优势靠的是能力,但现在,这一切都已不再是惟一的。很多时候,唯有抢占先机,快速行动,才能立于不败之地。

危机来的时候,机会也来了

马云曾经说过:"危机来的时候,我就有一种莫名的兴奋,我的机会来了。"提到机遇,人们总会想到美好的未来,充满了向往;可提到危机,人们总是心存恐惧,恨不能离得越远越好。然而,世事多变,没有绝对的机遇,也就没有绝对的危机。事实证明,在通往成功的道路上,从来少不

第10课 抓住机遇：机会太多，你只能抓一个

了危机的身影。

楚汉相争之初，刘邦的势力和项羽集团相差悬殊，面对"力拔山兮气盖世"的楚霸王，面对兵力几倍于自己的楚军，刘邦可谓危机四伏，尤其是杀气腾腾的"鸿门宴"，更可谓鬼门关。但刘邦从容不迫，冷静应对，谋臣运筹帷幄，巧妙定计，武士临危受命，誓死护主，在不利的条件下，一步步变被动为主动。而项羽却刚愎自用，内部又矛盾重重，谋臣不能施其谋，武士不能效其力，一次次坐失良机，反而变主动为被动。

危机就是转机，危机不期而至，我们习惯上只看到危机，看不到转机。其实，换一个角度看问题，危机就是转机。

危机是一把双刃剑，它能刺伤你，也能成就你，关键看你的态度和行动。如果你被眼前的危难吓倒，一蹶不振，畏惧不前，那你将永远也走不出危机的阴影。强大的阿里巴巴就是在危机中成长起来的。

阿里巴巴不走其他网络公司的老路：找钱—招人—做事。而是独辟蹊径：招人—做事—找钱。人家是网站找风险投资，马云却让风险投资找网站。他先是精心做品牌，不谈投资；然后又对风险投资百般挑剔，先后拒绝了37家上门的投资商，才最终接受了高盛的第一笔风险投资。

马云说："我一直认为，不管做任何事都不能有功利心。做事不能功利性太强，我没有什么功利心，我只是想证明，我们这代人通过努力可以做一件伟大的事情。说归说，做还得脚踏实地，最后证明你不是狂人。七八年前大家觉得你狂，做出来就不会有人说了，我不过比别人早做了3年而已。阿里巴巴融资是为做一番事业。要找风险投资的时候，必须跟风险投资共担风险，这样你获得投资的可能性才会更大。"

然而，就在马云接受高盛为首的投资集团500万美元投资的第二天，便受邀到北京去见一位所谓的"神秘人物"。见面才知，那个人是IT财团大亨、雅虎最大的股东孙正义！马云在向孙正义谈阿里巴巴的情况时，只说了6分钟就得到孙正义的青睐。当时，软银每年会收到超过700家公司的投资申请，而他们只能选择其中的70家公司进行投资，而孙正义本人

也只会与其中一家最有潜力的公司亲自谈判。这次，孙正义选择了马云。孙正义决定投资给阿里巴巴，他的理由是："我坚信，一切成功都是缘于一个梦想和毫无根据的自信！"

阿里巴巴独辟蹊径，但风险是巨大的，他们随时都有经营不下去的危险，但阿里巴巴宁愿承担这种风险。正是这种能承担风险的精神，才使得阿里巴巴获得了高盛这样高质量的投资人。一场危机是一场灾难，同时也潜藏着机遇。因为"危机"中，"危"字代表着危险的意思，'机'字则代表着机会的意思。身处危机中，意识到危险的同时，不要忽略机会的存在。在某些情况下，"危机"可能就是你的"转机"，正如那句名言所说："塞翁失马，焉知非福？"只要没到最后一刻，就不要轻易给"危机"下结论，把精力用在思考补救的办法上，它就一定会被你的信心和勇气化解。危机往往是人生的一个新起点，新契机。因此"危机"给你带来的是"危难"还是机遇，全看你如何面对了。

没有出路的"机会"，撞破南墙也不是路

如果挡在你面前的是一面无路可去的围墙，你会选择掉头，重新找另外一条路走？还是拿头撞墙，企图用惨痛的代价换来一个吉凶难料的出口？如果你够执着，也许会选择硬来，拼死撞破眼前的围墙，但是结果呢？你有没有想过，即使挡住你去路的围墙轰然倒塌，出现在你面前的也很有可能会是一面悬崖峭壁！如此一来，你所有的努力都将付诸流水，你不但没有打开出路，反而弄得自己遍体鳞伤。所以，相比之下，面对这种情况，还是选择放弃比较稳妥一些。

在市场竞争中也是如此，很多时候企业为了赌一口气不惜卖房卖地，最后却落得个倾家荡产。市场是广阔而充满机遇的，在任何时候摆在企业面前的选择都不会只剩一个，正所谓条条大路通罗马，如果一条路的风险

第10课 抓住机遇：机会太多，你只能抓一个

太大，实在是没有必要挺而走险，最后将自己拖垮。

一个身经百战的创业者都知道进退有度，他们在任何时候都能保持理智的思考，在权衡利弊之后做出最明智的选择。

马云在创业的过程中也曾经面临不少的抉择，在阿里巴巴创建之前，他就曾经两度想过放弃。

1995年马云从教师岗位上辞职，借了2000美元，开办了"中国黄页"，这是中国第一批互联网公司之一。

当年，中国黄页的营业额达到了700万元人民币，但是马云却没有为此感到高兴，因为他不满意杭州电信的营销之道。

马云说"做公司如养孩子，而杭州电信想赚现钱，你不可能让3岁小孩去挣钱吧。"1997年初，马云收到了外经贸部进京成立中国国际电子商务中心的邀请，于是马云果断放弃了中国黄页。他将自己所持的21%的中国黄页的股份以每股两三毛钱的价格卖给了公司，从中拿回了10多万元。在马云离开之前中国黄页账上还有107万元现金，40多万元应收款，但是自从马云离开后，中国黄页就再没有赚过钱。马云说："做企业，个人英雄主义必须去除。个人英雄主义最后反而会把企业给害了。"

与此同时，外经贸部拿出200万元作为中国国际电子商务中心的启动资金，并承诺给马云30%的股份，于是马云很兴奋地从杭州带了5个兄弟北上，6个人租了一间20平方米的房子，重新开始了创业之路。15个月之后，网上中国技术出口交易会、中国招商、网上中国商品交易市场、网上广交会和中国外经贸等一系列网站诞生。这是中国政府首次组织的互联网上的大型电子商务实践，当时的净利润达到了287万元。虽然此次创业的成果显著，但马云他们一个月却只能拿几千块钱的工资，其他什么都没有，承诺他们的股份在体制内又很难落实。

到了1998年底，互联网越来越热，而马云也认识了杨志远，并且在前两次的创业中结交了广泛的外贸关系，有了人脉与经验，1999年，马云创立了今天的阿里巴巴。

马云总是能够比一些人看得更远，尽管之前的两次创业表面上看起来

成绩斐然,但是在马云看来它们完全没有未来,所以他也就没有留下来的必要了。选择放弃是马云的明智之举,正是因为一开始马云果断地放弃了没有前途的创业之路,所以他才能够一手打造出今天的阿里帝国。

正所谓"失之东隅,收之桑榆",在任何时候放弃并不等于走向死路,相反,在放弃一条不该继续坚持的道路之后,转过身去我们反而会发现更多的发展机遇。在生活中,我们也总是会在得与失之间徘徊,总以为现在放弃了就再也没有机会了。但是如果你冷静思考一下就会发现,也许你现在苦苦坚持的并不是一条正确的道路,在这样的一条道路上苦熬,只会令自己在困境中越陷越深。当你放弃之后,你会猛然发现,原来放弃后可以走的路还有很多。

比尔·盖茨这个名字我们都知道,难道他就没有过放弃吗?他曾经放弃了上学深造的机会,转而开始了他充满激情的创业,3年之后,在别人还没有找到一份安稳工作的时候,他却已经拥有了自己的公司。

佛经云,舍得,舍得,有舍才有得。要知道,放弃并不是结束,而是选择了一个全新的方式重新开始。放弃不是软弱的逃避,而是丢弃没有价值的东西,追求更美好的未来。所以,一个人绝不能够纠结于之前付出过的努力而舍不得放弃,犹豫得越久,遭受到的损失就会越多,再想弥补,势必要付出更大的代价。更有甚者,一旦企业错失了放弃的良机,再想回头恐怕就已经变成了不可能的事情。

第 11 课
警惕危机：有忧患意识，才能避免失败

马云说："市场险恶，冰山沉船的事时有发生，世上从来没有日不落帝国。一个企业，不论它多么强大，要想永远立于不败之地，惟一的策略是：防范危机，超越危机。"古人说得好：凡事预则立，不预则废。强调的就是防患于未然的重要性。如果年轻人在做任何事情之前，都能学会用长远的目光看问题，及早发现问题并解决问题，那么就能收到事半功倍的效果，否则将事倍功半！

有运气好的时候,就会有倒霉的时候

无论是在电视的访谈节目中,还是在网络的成功人物排行榜中,我们看到的马云都是风光无限。他被人们尊为"创业教父",被包括哈佛、斯坦福、北大等在内的众多世界名校请去演讲,又被布莱尔、克林顿邀请共进午餐,甚至还上了《福布斯》杂志的封面,整个人被笼上了一层耀眼的光环。

殊不知,每一个成功人士的背后都是心酸和泪水,都是在委屈和痛苦中浸泡出来的。正如巴菲特所说:"别人恐惧时候我贪婪,别人贪婪时候我恐惧。"一直被称赞运气极好的马云也有倒霉的时候。

马云在一次全员大会上曾经说过:"我记很多东西很困难,所以记得快,忘得也快。有的人可以记得清清楚楚,我就是老记不住。但对10年以后、5年以后、8年以后要做什么,我特别有兴趣。因为昨天的事大家拼的是记忆,未来的事大家拼的是想象,想象要的是理想和现实。我自己觉得对未来,所有人觉得好的时候,我一般觉得灾难就临近了,所有人觉得是灾难的时候,我就觉得机会来了。

"我记得邓小平去世的那一天,我朋友打电话说,你怎么看明天的事。我想了想,邓老是年纪大了,不是突发的事,我要是总书记和总理,肯定已经有准备。我要是领导肯定要稳定军队、稳定经济。我说把所有的钱打进股市,结果,股票涨停了好几个星期。还有,大家说香港回归,股票会飞涨,然而我觉得所有人期待一件事情的时候,一定有倒霉事情来,香港回归的五六月份开始,亚洲金融风暴开始了。

"所以大家都在干一件事情的时候,你可以在边上散散步,看看有什么问题。我光看了以后还不行，回到家还得踏踏实实地干。"

在人生的道路上，风险与希望是共存的，这是每个刚进入社会的年轻人一开始就要明白的道理。尤其是当市场看似风平浪静的时候，往往可能正是暴风雨来临前的安静。因此，任何时候，年轻人都应当存在忧患意识，在好的运气来临时，不要太过得意；而在坏的运气降临时，也不要摆出一副绝望的态度。

每一个成功者的背后，都有很多的心酸和委屈，他们在奋斗的道路上，可能经历过朋友的误解，忍受过他人的辱骂，遭受过小人的算计，甚至挫折、失败不断。但是偶尔也有运气好的时候，例如与合作者签约成功，计划顺利地持续进行，找到可以弥补失误的方法……就如同命运给自己关了一扇门，又给自己开了一扇窗，命运永远都是变化无常的。

1998年，作为新加坡肯特数码技术研究院首席研究员、副所长，吴健康所领导的实验室被同行称为"世界该领域开拓性实验室之一"。他们所研发的彩色地图数字化产品比当时世界上最好的商业软件还快20倍，但就在他忙于找技术转让对象时，只有一个美国公司有初步的意向，但条件是"要先把技术提交我们进行评估"。由于对知识产权保护的过度敏感，该意向被领导否决。这个离市场极近的技术，成了吴健康终生的遗憾。

2001年，吴健康以其独创的保护电子及纸张文件的一体化技术，成功创建卓信科技有限公司，并担任董事长兼CEO。然而，就在客户稳定、资金充裕，一切走上正轨之时，卓信科技内部有了这样的看法：吴健康是学者办企业，在公司初期非常关键，现在公司到了成长期，必须由精通市场的职业经理人来主持。因为他的股份只占10%，没有决定权，于是只好被迫接受了董事会的意见，离开公司回到研究所。后来的两年半，一个单都没有签，公司被贱卖了。

2009年，在中国科学院研究生院领导的支持和鼓励下，吴健康决定二次创业。他卖掉房产成立了无锡微感科技有限公司。由他们开发出的多目标检测与跟踪器,市场前景非常广阔。

成功的人大多历经了无数的艰辛、苦难、挫折和失败。毕竟人生的路途中没有一帆风顺,也没有失败到底。在你最失望的时候,可能否极泰来,而在你最为得意的时候,失败可能会不期而至。因此,每个人都应当将好运与霉运看作是自己成功路上常伴的两个因素。只要把这所有的酸甜苦辣、泪水和汗水、委屈和打击都克服了,离成功也就越来越近了。

所以,每一个年轻人内心都应该存有一份忧患意识,不要忘记马云那句话:"好运和倒霉总是反复无常的。"当人生运转良好时,不要麻痹大意,要保持谨慎,当人生遭遇挫折时,一定要相信自己,相信好运终将到来。

冬天的使命:马云是这样"过冬"的

马云说,冬天并不可怕!可怕的是我们没有准备!可怕的是我们不知道它有多长,多寒冷!机会面前人人平等,而灾难面前更是人人平等!谁的准备越充分,谁就越有机会生存下去。强烈的生存欲望和对未来的信心,加上充分的思想和物质准备是过冬的重要保障。

在2008年年初,就在大家整天为油价上涨、人民币升值、劳动成本上升而感到前途一片光明的时候,谁都没有想到中国经济正在迎接冬天的到来,更没有想过自己的企业要在冬天里如何减少成本。

当很多企业都活在安逸的春天里的时候,马云却凭借其敏锐的观察和判断力,率先给阿里巴巴全体员工发出了一封名叫《冬天的使命》的信。

当人们看到马云的信的时候,都开始纷纷猜测、怀疑是不是真的有企业冬天。而就在人们还在半信半疑的时候,马云已经开始做防寒准备工作了。当大家终于意识到企业冬天即将来临的时候,马云早就已经准备好防寒的外套了。

在信中马云提醒阿里巴巴员工,经济形势不容乐观,冬天会比想象中的更长。他呼吁员工"准备过冬",于是,电子商务的龙头开始了一场未雨绸缪的过冬筹划。这封内部邮件《冬天的使命》是这样写的:

各位阿里人:

对阿里巴巴B2B的股价走势,我想大家的心情一定很复杂。今天想和大家聊聊我对目前大局形势和未来的一些看法,也许对大家会有一点帮助。

大家也许还记得,我在今年2月份的员工大会上讲过:冬天要来了,我们要准备过冬!当时很多人不以为然。其实我们的股票在上市后被炒到近发行价3倍的时候,在一片喝彩声中,背后的乌云和雷声已越来越近。因为任何来得迅猛的激情和狂热,退下去的速度也会同样惊人!我不希望看到大家对股票有缺乏理性的思考。去年的上市仪式上,我就说过我们将会一如既往,不会因为上市而改变自己的使命感。面对今后的股市,我希望大家忘掉股市的波动,记住客户第一,记往我们对客户、对社会、对同事、对股东和家人的长期承诺。当这些承诺都兑现时,股票自然会体现出你为公司创造的价值。

我们对全球经济的基本判断是经济将会出现较大的问题,未来几年经济有可能进入非常困难的时期。我的看法是,整个经济形势不容乐观,接下来的冬天会比大家想象中的更长,更寒冷。

我们准备过冬吧!

我们看到,马云在冬天即将到来的时候开始给"阿里人"支招了,同时也给更多的人带来了经验性的指导。从这封信中我们可以看到马云应对危机的智慧。

1. 要有过冬的信心和准备

在困难面前,"谁的准备越充分,谁就越有机会生存下去。强烈的生存欲望和对未来的信心,加上充分的思想和物质准备是过冬的重要保障"。阿里巴巴集团不是没有经历过大风大浪,他们曾经安然度过了一轮互联网的严冬以及非典所带来的一系列打击,所以,阿里巴巴在风浪面前变得更具抗打击能力了。

另外,值得很多年轻人学习的是,马云在严冬面前依然没有想过要放弃阿里巴巴的客户。因为他知道,如果阿里巴巴的客户都倒下了,阿里巴巴也同样见不到下一个春天的太阳!

2. 要做冬天该做的事

风险与机遇共存,在阿里巴巴面前,"拉动消费,创造就业"就是电子商务在这场变革中的巨大使命和机会。马云一直坚信电子商务前景光明,并能够真正帮助中小企业客户改变不利的经济格局。经历过冬天之后,所有的企业就像是站在了一个新的起点上,之后的市场竞争又将是另一番面貌。

现在,像经济危机和非典那样的严冬已经离我们而去,但这并不意味着危机的消失,任何时候,危机都是存在的。年轻人只有懂得如何过冬,才能长久地立于不败之地。

"自黑",天猫危机公关的智慧

对于一个商人来说,不仅要通晓人情世故,还要有足够的学识。只有这样,才能够在动荡不安的市场竞争中做出及时的反应,保住事业的"性命"。所以说,做事业并不是一件很容易的事情,它就像是一个偶像明星,一不小心，一个绯闻就有可能葬送其演艺生涯。

马云这几年在互联网市场上的人气一路飙升，粉丝云集，有人叫好就一定会有人唱反调。

对于一家电商公司来说，算错内裤尺寸，可不是件小事，毕竟内裤的销量与用户基数是成正比的，天量级的销量就对应着天量级的用户量，稍有不慎就会得罪大批粉丝。更何况，紧随其后的还有无风不起浪的"狗仔队"，他们最喜欢做的事情就是兴风作浪，将事情尽量闹大。

一次，天猫这一电商界的大腕级人物，却在光棍节上当众出丑。不过万幸的是，天猫也通过这件事情向人们展示了他们不同凡响的危机处理能力，整个过程完全可以说是驾轻就熟、闲庭信步、智勇双全，不愧为见惯了大风大浪的"大腕"。

2013年11月11日凌晨1点27分、天猫在微博上发布了一组"双11"最新数据，为了更形象地形容货卖得多，微博的内容是这样描述的："200万条内裤连在一起有3000公里长……6600万条纸尿裤可以吸干6个西湖。"结果，微博一经发出就遭到了江宁公安在线的警察叔叔的强烈吐槽。

警察叔叔用小学生都会的计算方法，简单几步就算出天猫卖的内裤每条长达1.5米，而6600万条纸尿裤也只能吸取6.6万立方米的水，仅为西湖水量的0.60%。

这条让天猫颜面尽失的微博一经发出便在短短的一个小时内被1万多人转发，天猫的数学水平也遭到大家质疑。甚至还有网友指出，阿里巴巴数学差是有深刻原因的：马云当年第一次高考时数学考了1分，复读一年后考了19分，由此看来阿里巴巴的数学自然是好不到哪去。一时间，阿里巴巴的计算能力遭到了全民的吐槽，这也随即发展成为光棍节之后的一大乐事。

面对吐槽危机，天猫却没有急于解释，反而顺应民心，将大家公认的"数学盲"马云搬了出来。天猫将马云数学不好之类的事情拿出来"自黑"，马云顿时被塑造成一个有血有肉甚至有点儿衰的人，阿里巴巴也借

第11课 警惕危机：有忧患意识，才能避免失败

用马云这一新形象进行了诸如"央视大裤衩""马云数学不好"以及"给指出问题江宁公安在线送裤衩"等一系列的调侃。

天猫真不愧是一只"大腕猫"，在警察叔叔的评论发布54分钟后，做出了正面回应，"就是鸡冻的昏头了好吗？来尽情地取笑我吧！""数学老师对不起了！"等。

第二天下午4点半，天猫发了一条自新的微博："昨天数学不好，险些被K尿崩。半夜翻出小学课本满血恶补！此刻我明白了，350亿元人民币堆起来的厚度相当于4个珠穆朗玛峰的高度，能铺满585个足球场，得7节火车皮才能拉走。不知道这对嘛？求高人！求拯救！在线跪等。"甚至还晒出了演算过程的草稿纸，再次引发围观狂潮。就这样，天猫一改"数学盲"的形象，呈现给网友的是"可爱的猫"的形象。

天猫在这次危机面前，顺应民心，将算错内裤的罪名都扣到了马云的头上，一下子为网民找到了吐槽的对象。在天猫"自黑"的过程中，不仅马云的形象变得可爱无比，就连天猫的品牌也变得更加亲民。别人都说，"不黑老板的公关不是好公关"，现在看来，这句话就是专门为天猫和马云这样的组合准备的。一场快速应对、精心策划的"自黑式"危机公关，最终以天猫的完胜收场。

天猫此次的危机公关绝对可以用来当作教学的经典案例，毕竟没有几个企业可以做到像天猫一样，在失误面前自贬身价，放低姿态，把自己所有的缺点都摆出来，与大家一起"诋毁"自己。当所有人都还在围观天猫自嘲的时候，其实娱乐的性质就已经悄悄覆盖住了一开始人们对天猫的嘲笑。毕竟这本就不是一个技术或是质量上的问题，说到底，这只不过是一个"面子"问题，只要天猫愿意放下身价，与网民一起娱乐，那么自黑反倒会让人看到一个平易近人的天猫形象。面对这样一个不故作姿态的品牌，在娱乐的同时，网民大众反而会欣然地选择与其做"朋友"。

在网络文化飞速发展的现在，我们难免会遇到类似的事情，在这种时候要想平息众人的怒气，据理力争往往不是明智之举，因为态度过于强硬

只会将矛盾激化，还有可能将事态进一步扩大，最后不仅伤了和气，还会引起众人的抵抗情绪，损害到个人或者企业的形象。在这种时候，如果你能够适时地低头认错，承认自己的失误，这样反而会让大众觉得你态度诚恳，更容易原谅你的失误。

所以，适当的"自黑"倒不失为一种高段位的公关手段。你要知道，只有敢于当众承认错误才能彰显你的诚意，才能够证明你是在认真悔过，这种平息事态的方法更能够让大众接受，而不至于掀起更大的风波。

承认失误，不要为平息危机而公关

马云在做"赢在中国"的评委时说过许多十分经典的创业建议，其中有一期马云给很多创业者提了一个建议，他说："千万别把危机当公关看，出了质量问题千万不能觉得自己可以通过告诉媒体我会翻回来，质量问题就是质量问题，必须把质量问题解决清楚。公关是一个副产品，质量问题解决了以后它会逐渐传出去，而不能召开新闻记者答谢会，错了就承认和改正，公关这玩意说大不大，说特大可以出生命危险的问题。"另外，马云还提到了当年张瑞敏砸海尔冰箱的事情。

海尔集团始创于1984年，曾是一个亏空了147万元的集体小厂，一次"砸冰箱"的事件彻底扭转了海尔亏损的命运。

1985年1月的一天，当时出任青岛海尔电冰箱总厂厂长的张瑞敏收到一封用户寄过来的信，信上说海尔生产的冰箱有质量问题。于是张瑞敏马上就带领管理人员去仓库做了检查。一番检查后他们发现，仓库里的400多台冰箱中有76台存在质量问题。张瑞敏马上就召集全体员工召开了现场会，寻求解决办法。

第11课 警惕危机：有忧患意识，才能避免失败

现场很多人提出，这些冰箱只是外观被划伤了，并不影响使用，所以有人建议作为福利便宜点儿卖给内部职工。但是当时张瑞敏却回答说，"我要是允许把这76台冰箱卖了，就等于允许明天再生产760台、7600台这样的不合格冰箱。放行这些有缺陷的产品，就谈不上质量意识。"于是他当即宣布，砸掉那些不合格的冰箱，谁干的谁来砸，并且亲自抡起大锤砸下了第一锤。

经历过这件事后，海尔人坚定了自己的质量意识。在1988年的全国冰箱评比中，海尔冰箱以最高分获得中国电冰箱史上的第一枚金牌。从此以后，海尔一直都将质量视为自己品牌的根本。如今，海尔冰箱在世界冰箱行业中的销量排名一直稳居第一，而海尔集团也随即发展成为世界第4大白色家电制造商。

张瑞敏之所以不愿意将劣质的冰箱作为福利便宜点儿卖给内部职工，他就是不希望将这样一次产品失误变成一件让员工受益的好事。危机就是危机，如果在危机面前人想到是怎样把危机变成好事，而不是怎样吸取此次教训，那么犯错的人就不会有悔过的意识，反而觉得这样的错误没什么大不了的。如此一来，这样的错误他们还是会一犯再犯，最好的事业也会因此而被拖垮。

马云在"赢在中国"的现场提到这件事情的时候还说："不是说砸冰箱的时候叫媒体来给大家看，坏了就坏了，我觉得有很好的心态看着这个危机。说这个灾难我必须解决它。千万别一开始的出发点就是我要公关把这个危机变成一个好事，你心态是这样的话今后你的员工会不断地制造灾难。所以公关不是目的，解决问题是解决危机最重要的问题。"

如果当初张瑞敏真像马云说的那样，在砸冰箱的时候请来媒体围观，这可能有公关的嫌疑，人们认为这是张瑞敏在作秀，他将海尔做好的决心就会受到质疑，这样的"砸"法是砸不出一个海尔的。

在遭遇危机时，阿里巴巴总会用老老实实的态度处理危机，所以，阿里巴巴总能成功解决自己遭遇的危机。

淘宝网历时半年时间研发了一款面向卖家的全新服务"招财进宝","招财进宝"是淘宝网为愿意通过付费推广,而获得更多成交的卖家提供的一种增值服务。但是该项服务并没有获得淘宝卖家的认可,甚至还掀起了一场不小的风波。在"招财进宝"推出仅仅20天的时间里,就有6000多名卖家在网上签名,声称要在6月1日集体罢市。

面对这场愈演愈烈的抗议风波,马云立即发表署名文章,就淘宝和淘友们沟通上存在的问题向卖家道歉。之后,淘宝网又在公证处的监督下为"招财进宝"进行了为期10天的"网民公投"。结果显示,127872票赞成取消,约占61%;81322票赞成保留,约占39%。于是淘宝网最终还是选择向网民"妥协",撤销了其有偿增值服务"招财进宝"。淘宝网是以"网民公投"的形式为自己找了一个台阶,成功解决了此次危机。

遭遇危机,我们首先要做的是自省,而不是哀求他人的谅解。在错误面前,重要的不是认错,而是切实地改正错误,弥补自身的不足,吸取教训,从而努力让自己变得更好。

在危机面前,年轻人要做的是无条件承认错误,不断地完善自己。你要意识到,犯错不是一件值得吹嘘的事情,哪怕你要认错,也不能大张旗鼓,那样会让人有种你在"作秀"的反感,从而让大众不愿相信你会真正地悔过自新。

生于忧患,不要满足一时的成就

有些人在刚进入阿里巴巴的时候都会不辞辛苦、不断努力、奋发图强……然而,一旦取得了一些小成绩,就开始得意忘形、自我陶醉、不思进

第11课 警惕危机：有忧患意识，才能避免失败

取；还有些人，因为知道工作更加艰难，觉得既然自己手里已经有了那一点可以炫耀的资本，就不用再继续"吃苦"了，于是抱着"守成"的观念，再也不肯为阿里巴巴而努力了。

这样的人，不但让自己从此失去了成长的动力，有时候还会阻碍其他人的前进。因此，眼前的一时成就只可以让你小小地高兴一下，切不可因此而忘记了在阿里巴巴的目标是什么。

和马云同为互联网风云人物的盛大网络创始人陈天桥曾说过这么一段话："当每天的收入达100万元的时候，我觉得它是诱惑，它可以让你安逸下来，让你享受，让你成为一个土皇帝。当时我们只有30岁左右，急需要一个人在边上鞭策。就像唐僧西天取经一样，到了女儿国，有美女，有财富，是停下来还是继续去西天？我们希望有人不断地在边上督促说：'你应该继续往你取经的地方去，那才是你的理想'。"

陈天桥说的正是马云所主张的，那就是让人不要忘记最初的梦想，不要为一时的成就而迷失。

当年，马云还在教书的时候，他的领导对他说："马云，好好干。再过一年你就有煤气罐可以发了，再过两三年你就可能有房子了，再过5年你就能评副教授了。"而马云并没有被这种许诺所诱惑。相反，他从领导身上看到了自己以后的样子——每天骑着自行车，去拿牛奶、买菜。

马云说："我当然不是说这种生活不好，只是希望换一种方式。等到在成功的路上越走越远的时候，我发现自己的梦想也变得越来越大、越来越现实了。每个人都有梦想，梦想未必要很大，但一定要真实。"

然而，远大的理想就像《圣经》中的摩西一样，带领着人类走出蛮荒的沙漠进入充满希望、生机勃勃的大陆，进入太平盛世。而那些满足于现有生活和被困难吓倒的人，往往会停止前进，最终也就无法到达自己梦想的大陆了。

对于那些永不停息地追求自己梦想的人来说，他们总觉得自己身上还

存在某些不完美的因素，因而总是渴望着进一步改善和提高。他们身上洋溢着旺盛的生命力，从不墨守成规，这使得他们总认为任何东西都有改进的余地；这些人是不会陶醉在已有的成就里的，他们会想方设法达到更美好、更充实、更理想的境界，正是这一次次的进步，使他们不断地完善着自我，也完善着人生。因此，马云一直强调："记住你最初的梦想，不要满足于一时的成就。"

阿里巴巴从最初在杭州只有18名创业者成长为在三大洲有20个办事处，拥有超过5000名雇员的公司，但是马云并不满足于此，他提出要把阿里巴巴做成一个102年的企业，做成一个屹立3个世纪不倒的大企业。

然而，作为一个阿里巴巴人，常常会面对诸多的诱惑和困难，如何才能克服一切干扰，而持续追逐自己的最初梦想呢？这个时候，就要仔细分析和掂量一下坚持梦想的诸般好处了。比如，如果在阿里巴巴不满足于目前的小成绩，就会充实自己、提升自己，将自己的项目做强做大，为社会做出贡献，进而实现自己的人生价值。

另外，小小成就虽然也是一种成就，在阿里巴巴也成为自己安身立命的资本，但社会变化太快，长江后浪推前浪，如果你在原地踏步，社会的潮流就会把你抛在后头，后来之辈也会从后面赶超你。如此说来，你的"小小成就"在一段时间后也就算不得什么成就了，甚至还有被淘汰的可能。

最主要的是，不满足于目前的成就，积极向高峰攀登，就能使自己的潜力得到充分的发挥。比如说，原本只能挑100斤重担的人，因为不断地练习，进而突破极限，挑起了120斤甚至150斤的重担。因为一个人只要安于现状，就会失去上进求变的动力，没有动力，就无法付诸切实的行动。

一个社会，或者是一个集体或组织，从不会指望一个放任自己随波逐流的人能有什么大作为，因为他们往往是安于现状的。即使他们知道自己体内还有许多潜力可挖，也还是会以各种各样的方式将它白白浪费耗损掉，面对停滞不前的现状他们还是能不为所动、安之若泰。也许他们会有这样那样的收获或成就，但他们永远只能被眼前的小小成就蒙蔽眼睛，看不到山外有山，人外有人。他们只知道拿这些小成就作为自己炫耀的资本，却不知人生还有更多伟大的目标等着去实现。就这样甘于平淡的生活，他们体内潜藏的那点潜能也将因为长久被弃之不用而逐渐荒废消亡。

年轻人只有不满足于现状，渴望着点点滴滴的进步，时刻希望攀登上更高层次的人生境界，并愿意为此挖掘自身全部潜能，才有希望到达成功的巅峰。

做企业，要在不缺钱时找钱

天气突变，才想到要带雨伞，淋雨肯定是避免不了的。做事业也是一样，如果你等到危机临头，才慌忙地去寻找解决方法，虽然亡羊补牢犹未晚，但也要付出一些代价。古人云："安而不忘危，治而不忘乱，存而不忘亡。"不如一早就做打算，将雨伞随身携带。

如今，不少企业都觉得融资难、融资贵，其实并不是社会缺少资金，而是因为过剩流动性不能有效转化。企业管理者在融资问题上一定要有居安思危的想法，不要等到真正急需资金的时候才去找钱，毕竟计划赶不上变化。一旦市场资金流动不畅，就必然会陷入困境中，因此不妨"晴带雨伞"。

曾经有创业者向马云请教："企业在什么阶段融资最为合适？"马云回答道："不要从创业第一天起就想着融资，在没有盈利之前也不要去想，绝大部分企业在没有盈利之前融资是不正常的。

"做企业，首先要想到的是没有融资我也能盈利，等盈利了，想扩大盈利的时候，那时就会有人想要投钱了。没有盈利的时候想说服别人投

别把抱怨当习惯：
阿里巴巴给年轻人的14堂智慧课

资，投资人多半会说：等你盈利了再说吧。

"对那些今天盈利情况很好的企业，要记住，一定要在很赚钱的时候去融资，而不是等到需要钱的时候再去融资，那你就麻烦了。所以，在你不需要钱的时候去融资，这就是融资的最佳时间。"

对一个企业来说，即使是一个很优质的企业，考虑其内部发展阶段时，也不是任何时候都适合融资的。如何选择正确的融资时机？分以下两个阶段来说：

对于那些本身发展趋势良好，且有富余流动资金的企业来说，很多人认为如今企业不缺钱，因此不需要融资。其实，这个观点是错误的。首先我们应当清楚自己什么时候最需要钱，而不是一味想着如今自己手里有多少钱。只有做好正确的财务预测，才能在危机关头临危不乱。更何况，如果真的等到自己缺钱的时候再去融资，那么主动权定然会掌握在投资者手里，你越是急需用钱，在融资谈判中越是不利。

当然对于那些本来就需要融资的事来讲，选择时机就格外重要。如果准备不足，过早进入融资市场，那么大多数投资者就只会持观望态度，等待企业的下一个发展阶段。因此，决不能将所有的希望都押注在投资者身上，这毕竟是一笔生意。更严重的甚至会直接让投资者形成这样的印象：这个项目不行。这样会使日后的融资难度加大，反而给企业自身增加很大压力。

2005年3月，王慧文、王兴、赖斌强3人开始讨论建立一个基于高校同学之间的SNS平台，这便是曾经国内最大的校园网站——校内网的最初萌芽。

校内网独特的定位很快就受到高校学生群体的追捧，建立后只用3个月就发展了3万用户。校内的前景是好的，然而，带宽、服务器、推广、日常运营，这些都需要大量的资金投入，但是校内网的收入为零，王慧文突然感觉到了巨大的资金压力。其实在这一年中，校内网也曾获得过亚马逊前首席科学家韦斯岸的天使投资,只是这笔投资相对于校内网巨大的资金缺口来说,简直是杯水车薪。

2006年9月,校内网融资谈判迟迟未有进展,业界开始传出陈一舟旗下专注于校园市场的网站SQ欲收购校内网的消息。这一年10月24日,陈一舟在西安交大演讲时证实已经收购校内网,校内网创始团队加入千橡集团。在收购前,王慧文已经成了一个欠债20多万的不折不扣的"负翁",而王兴和赖斌强的财政状况也不比他好多少。

2010年7月30日,王慧文仍对校内网未能成功融资不能释怀,尽管这时他的身份已经是二手房网站淘房网的创始人。对于校园网的失败,王慧文总结道:"千万不要等到自己没钱的时候再去融资。"

很多人在需要融资的时候,往往会让自己集中精力进行一个小阶段的提升甚至飞跃,以便一鼓作气拿下融资,这种做法也是投资运营方式当中的一种,因为可以让投资方认为更加保险。任何一个人一定要有未雨绸缪的危机感,千万不要因为此时是晴天便丢掉了雨伞。

对于做事来说,融资是一个系统工程,因此我们应该善于制定融资战略规划。此外,我们还要注重提高融资策划能力,不要等到自己的事业缺钱了才去找钱。只有建立了这种思维模式,并掌握了合适的渠道与方法,融资才不再困难!

预测出未来可能出现的灾难

马云说:"作为阿里巴巴人来讲,在看到未来美好前景的时候也要预测出未来的灾难。我们知道,做企业,虽然能长盛不衰的不在少数,但昙花一现的也多得惊人。"

马云看到，竞争越来越激烈，"优胜劣汰"已经是无情而残酷的成功法则。但是，优与劣之间，其实也是可以实现相互转换的。而优劣转换，关键就在于一个人是否具有危机意识。有了危机意识，就会想方设法防患于未然，拒危机于千里之外。即使危机不可避免地发生了，由于准备充分，也能挽狂澜于既倒，将损失降到最低，转危为安，保持人生的昌盛。反之，如果一个人危机意识淡薄，等危机真的发生了，就会慌乱失神、束手无策，最终使自己陷入困境。

作为阿里巴巴的带头人，马云有着防患于未然的敏锐洞察力，并能在危机来临之前，尽最大的可能去化解经营中的潜在风险。

2007年年初，人们开始盛传，整个商业市场的冬天可能马上就要来临。对于这些，马云表示，他花费了大量的时间，一直在研究，未来将会有什么样的灾难，遇到灾难该怎么办，等等。

在阿里巴巴刚上市的时候，马云就给阿里巴巴所有的同事写了一封信，他说："因为现在整个世界的经济都出了问题，在这样的情况下，所有的企业都要准备好迎接挑战。"当然，这封信不是说阿里巴巴有冬天，也不是说互联网有冬天，而是每个人都要有过冬的意识，每个人都要有忧患意识。

在这封邮件中，马云还判断，作为阿里巴巴的主要客户对象——中小企业群将面临严重的生存压力。因而，他要求员工帮助中小企业度过"寒冬"。他说："我们要牢牢记住：如果我们的客户都倒下了，我们也同样见不到下一个春天的太阳！"最后，他表示，冬天并不可怕，但没有准备的冬天是非常可怕的。

实际上，早在阿里巴巴B2B在香港上市的时候，马云就说过：阿里巴巴B2B提前上市是在为过冬做准备。上市之后，阿里巴巴集团的现金储备超过20亿美元。2007年2月，在阿里巴巴集团的年会上，马云再次提到：2008年阿里巴巴要准备过冬，并首次提出2008年阿里巴巴要"深挖洞，广积粮"。

第11课 警惕危机：有忧患意识，才能避免失败

因此，年轻人要想有更好的发展，必须居安思危，不断进取。要随着主客观形势的变化不断调整自己的思路，迅速实现意识的转变，要从满足向创造转变，从狭隘向广阔转变。这样的人生发展是永无止境的，当然，危机也会始终伴随着一个人的整个发展历程，假如一个人没有危机意识，其结果往往是灾难性的。

有这样一个故事：在古代，有一户人家盖了新房子，主人住在里面很舒服。

一天，主人家请客，有位客人对主人说："你家的厨房应该整顿一下。"

主人问道："为什么呢？"

客人说："你家烟囱砌得太直，柴草放得离火太近。你应将烟囱改砌得弯曲一些，柴草也要搬远一些，不然的话，容易发生火灾。"

主人听了，笑了笑，不以为然，不久就把这事忘到脑后去了。

后来，这户人家果然失火了，左邻右舍立即赶来，有的浇水，有的撒土，有的搬东西。经过大家一起奋力扑救，大火终于被扑灭了。

在现实中，人们往往把更多的精力浪费在解决已经发生的问题上，不知道把要出现的问题扼杀在萌芽里，不知道防患于未然。有时候，防患于未然，不仅能省去很多麻烦，更会让我们避免更大的损失。"事后控制不如事中控制，事中控制不如事前控制"，可惜大多数人均未能体会到这一点，等到错误的决策造成了重大的损失才寻求弥补，这时才发现一切都晚了。一个有责任、有远见、有危机意识的人，更有能力让自己走得更高更远；而那些没有责任、没有远见、没有危机意识的人，在安逸的环境下，或许可以悠然自得、光彩照人，但在危机来临时，往往会被打得落花流水、溃不成军。所以，请切记：如果风险不期而至，能保你平安的，是你随时需要准备好的降落伞，而不是身边的那些绚丽的云彩！

事实上，一个人自诞生之日起，就不可避免地进入了一个不断与危机作斗争的过程。能警觉、预见、克服和战胜危机的人，自然就可以获得更大的成功。而有些人总是有了一点点成绩就开始沾沾自喜、妄自尊大，一心沉浸在享乐中不能自拔，这样的人终究会在无情的竞争中被淘汰出局，甚至是灭顶之灾。

第 12 课

学会坚持：坚持下去总会有机会

马云说："人要成功一定要有永不放弃的精神。"是的，涓滴之水终可以磨损大石，不是由于它力量强大，而是由于昼夜不舍地滴坠。当困难跘住你成功脚步的时候；当失败挫伤你进取雄心的时候；当负担压得你喘不过气的时候，不要退缩，不要放弃，一定要坚持下去。因为只有坚持不懈，才能通向成功！这就是人生的大智慧。

第12课　学会坚持：坚持下去总会有机会

坚持才会有运气

任何时候，不论人生遭遇多大的挫折，想要成功的人生，就不要在不如意时抱怨上天的不公，应该坚持初衷不动摇，只要你能够一直朝着目标走下去，好运自然会来临，但是假如中途你因为种种原因而选择放弃，那么即便可能有希望再次崛起，也没有机会了。

在马云眼中，一个人既然已经确定了自己的目标，就必须一直坚持下去。暂时的失败并不能代表永远的失利；一时的成功并不能代表将来的成功。所以，年轻人只有树立远大的理想，并在理想的道路上坚持下去，才能获得最大的成功。

苹果电脑公司创始人斯蒂夫·乔布斯20岁时就开始创业。最初，他和他的合伙人在一家车库里工作，经历了10年的风风雨雨，"苹果电脑"扩展成了一家员工超过4000人、市价20亿美元的国际大公司。

而令人意想不到的是，乔布斯30岁时被自己所创办的公司炒了鱿鱼。乔布斯说："就这样，曾经是我整个成年生活重心的东西一夜之间就不见了，令我一时愕然，走投无路，随后几个月，我实在不知道要干什么好。我成为公众一个非常负面的示范，我甚至想要离开硅谷。"

然而，即便乔布斯当初被董事会否定后有些伤心，但是他一直热爱的事业并没有否定他，所以乔布斯决定一切从头开始。在接下来的5年里，乔布斯开创了一家叫做NeXT的公司和一家叫作Pixai的公司。Pixai取得了很大的成绩，制作出了世界上第一部完全由电脑制作的动画电影——《玩具总动员》之后，这家公司阴差阳错地又被苹果电脑公司买下来，于是乔布斯又回到了苹果电脑公司。而NeXT发展的技术居然成为了"苹果电脑"后来复兴的核心。

乔布斯说："我敢肯定，如果苹果电脑公司没有开除我，就不会发生这样的事情。这副药虽然很苦，可是它成为了苹果电脑公司这个'病人'起死回生的神药。"

马云曾经说过："今天很残酷，明天更残酷，后天很美好，但绝大部分人死在明天晚上，所以每个人都不要放弃今天。"那些走在创业长征路上的年轻人，一定要谨记马云的这句话，不要让希望在今天磨灭，要一直坚持下去，最后便会云开见日。

很多时候，人的力量和耐力是需要精神来支撑的，年轻人只要心中的信念不死，就可以走出绝境，迎来光明。

有一次，马云受邀去深圳演讲，现场有人问及马云："您自己坚信的和市场调查的之间是否存在矛盾，您从美国第一次接触互联网回来，要建设互联网的时候，是您全部的思想还是经过严格的市场调查？"

对此，马云回答道："我在'赢在中国'里讲过，懂不懂没有关系，要坚持自己的理想和想法。创业者在动手之前要先去调查数据，说明你不知道有市场，创业者创业的时候，不知道是否有市场，这是大的错误，这个故事本来就错误了。阿里巴巴和马云走到现在，从不是第一天就这样的，我们犯的错误远远比取得的成绩要多，是一点一滴倒霉走到现在的，不是因为我们真的聪明。

"最后一句话，我一直觉得如果马云可以成功，中国80%的年轻人都可以成功，如果阿里巴巴可以走到现在，所有的企业都可以做到现在。所谓运气就是走下去就会有，放弃了就没有了。"

正如马云所说的，既然你已经选择了这条路，就该一直坚持下去。因为挫折人人都可能碰到，但更多人是被挫折绊倒，再也爬不起来。只要懂得坚持的力量，即便中途可能遇到非常多的挫折，但是依然有机会达到成功的彼岸，尽管那个彼岸需要用一生的时间去摆渡。因此，年轻人成功的智慧可能就是"坚持走下去"，成功的种子在这一刻就已经悄悄发芽了。

耍小聪明，不如傻傻地坚持

马云曾经说过："我做事绝不半途而废。过来的路上，有很多次打击让人绝望，但我没有放弃。"可见，他成功的最重要原因之一，就是坚持，不是坚信"明天更美好"，而是多坚持一会儿，坚持到后天。马云说过："世界上最愚蠢的人，就是自以为聪明的人；同样，最想自己发财的人，往往也发不了财。"马云的话里面另有深意：聪明的人和最想自己发财的人往往想走成功的捷径，沉稳不足浮躁有余，他们不知道坚持的力量，而成功大都是坚持得来的。因此，对于年轻人而言，任何事情只要能坚持到底，只要能够为自己留下一份永不放弃的信念，那么失败就不会轻易来敲门。

《阿甘正传》中的阿甘，有着一副憨傻的外表，智力也等同于小学生，然而，正是这个资质看上去"愚钝"的小伙子，做起事情来却比他人更加全神贯注，并且全力以赴，不因为旁人的眼光而动摇，所以做什么都一帆风顺。

爱迪生曾经说过这样一句话："100%的成功等于80%的汗水加上20%的聪明。"在成功者看来，仅有聪明的头脑是不够的，还要靠勤奋的汗水。所以，当年轻人在经历生活磨炼的时候，一定要鼓励自己再坚持一下。事实上，成功有方法，失败有原因。那个智力低下，做事却异常专注的阿甘之所以会成功，原因就在于坚持。

马云提及"聪明"这两个字时，曾这样感慨地说："这个世界上有小聪明的人很多。有一次我在上海五星级波特曼酒店宴请一位重要客户，当时一位很高很帅的服务员小伙子端着盘子进来，看到我说：啊呀，我认识你，我用你们阿里巴巴的支付宝分期付账，仔细算了一下，可以省下一毛二分钱的利息呢。当时我就想，这种人就是太小聪明了，如果他不这么

'聪明'算计,也许已经是总经理了。"

当年阿里巴巴刚刚起步时,很难招到员工,马云开玩笑说:"是把大街上能走路的都招进来了"。后来这些人中很多"聪明人"离开公司去创业,真正成功的也没几个,倒是一直留在公司"没地方去的那些不聪明的人",随着互联网的迅猛发展,收入越来越高。所以马云感慨地说:有时候小聪明还真不如傻坚持,守得住寂寞才能成器。

很多人常常用"见机行事"来表达自己对某件事情的灵敏度,但是究竟什么样的人喜欢小聪明呢?见到困难就立马撤退,看起来的确是"识时务",然而,这样做顶多只能算小聪明。毕竟,你所遇到的困难还在那里,你头疼的问题还残留着,你终有面对它的一天。

在人生的路途中,不可能没有困难。但是如果每次遇到困难就选择回避,虽然不必承受磨难,但也永远都欣赏不到高处最美的风景。由此说来,小聪明其实更像是一种逃避心理,而不是真正地面对和解决问题。

经营阿里巴巴时,马云看上去就有些大智慧的"傻"。他曾经说过:"对于创业者来说,永远要告诉自己一句话:从创业的第一天起,你每天要面对的是困难和失败,而不是成功。"正是心中时刻都装有如何应对困难的预警器,因此在真正遇到困难时,马云才能够处变不惊,顽强地坚持下去。

1992年,马云想创办一个翻译社。可是现实十分残酷。当时的杭州不仅没有一家专业机构,而且成立之初需要大量资金。这对当时还只是一名教师的马云来说,无疑是异想天开。

当时,许多朋友都善意地规劝他,可是马云丝毫没有被眼前的困境吓倒。他几乎是磨破了嘴皮子,才找来几个合伙人,凑了点钱,将自己的梦想变成了现实。翻译社如期开张,的确令人高兴,可让马云没有想到的是,事情远远没有他想象得那么乐观。海博翻译社刚刚成立时,因为对其翻译水平不了解,人们不敢轻易把重要文件交给它。第一个月,海博翻译社的全部收入只有700元钱,别说盈利,连房租都交不起。跟马云一起合作的伙伴也没有信心再坚持,纷纷"撂挑子"走人。

然而，马云依旧在赔本的情况下坚持着自己的初衷。为了弥补平时收入的不足，支撑翻译社的运转，马云还做起了批发小商品的兼职。他时常一个人背着装满小商品的大麻袋，冒着严寒酷暑四处推销。这一过程，辛苦不说，还遭遇了许多闭门羹，受尽了人们的白眼。然而，就是在这样艰苦的环境下，海博翻译社一直坚持做了3年，直到1995年才开始盈利。之后，海博翻译社逐渐发展起来。截至2011年，马云当年的梦想——海博翻译社成为杭州最大的专业翻译机构已经实现。

多年以后，功成名就的马云来到他辛苦创立的海博翻译社，题了4个大字"永不放弃"，后来，这4个大字作为海博翻译社网站首页的警语。

做一件事，有些人起初会表现得十分热情，但是随着遇到种种困难，热情就慢慢冷却了，甚至完全消失。他们开始怀疑自己的付出，质疑自己的坚持，慢慢地这种情绪渗透到工作中去，逐渐影响了人生的布局。然后，就通过一些"小聪明"让自己远离这些"灾害"，最终碌碌无为。马云的经历说明，很多时候，一些无谓的小聪明，倒不如踏踏实实地坚持来得更为实在，小聪明是投机取巧，而"傻傻地坚持"则是成功的大智慧。

等别人倒下，跪着的你就是成功

马云说："当所有人都倒下，而你还在半跪着的时候你就成功了，做最后一个倒下的人，越困难越坚持。"在最困难的时候不要轻言放弃，放弃很容易，想坚持却很难，最困难的时候一定要告诉自己再熬一熬。马云在阿里巴巴刚成立的时候就说过："即使是泰森把我打倒，只要我不死，我就会跳起来继续战斗！"事实上，在成功的道路上，你越是遭遇不测，就越该打起精神来面对，若是一味地难过，那么遇到的事也一定都是不好的；如果心情保持愉悦，就会有好运气找上门来。

对于年轻人来说，遭遇一两次的失败，没什么大不了的。不管是经验不足造成的失误，还是其他原因造成的失误，只要你能从中吸取教训，并且坚持下去，哪怕最终还是挽救不了状况，但是只要你比你的竞争对手倒下得晚，你就已经胜利了。

1992年，马云在大学教英文的时候，学校要统考英语。那个时候马云教的班级里只有28个人，而且底子很差。然而马云并没有放弃，经过3个月坚持不懈地辅导，班级里28个人全部通过。

马云第二次创业时，曾经和朋友一起凑了10万元，做了一个网络黄页网站。当时很多人都说，做网络公司，没个几百万上千万是玩不转的。对于中国黄页来说，创办初期，资金也的确是最大的问题。由于开支大，业务又少，最凄惨的时候，公司银行账户上只有200元现金。但是马云以他不屈不挠的精神，克服了种种困难，把营业额从0做到了几百万。

第三次创业时，也是大家最熟悉的阿里巴巴网站，在创业初期也是相当艰难的。那个时候每个人工资只有500元，公司的开支一分钱恨不得掰成两半来用。外出办事，很少打车。据说有一次，大伙出去买东西，东西很多，实在没办法了，只好打车。大家在马路上向的士招手，来了一辆桑塔纳，他们就摆手不坐，一直等到来了一辆夏利，他们才坐上去，因为夏利每公里的费用比桑塔纳便宜2元钱。

有一段时间，阿里巴巴因为资金的问题，到了几乎维持不下去的地步。但是，由于马云和他的创业团队不懈坚持，最终，缔造了中国互联网史上最大的奇迹。

作为一个有智慧的年轻人，即便已经深陷危机，也不要慌张，不要退缩，不要恐惧，更不要抱怨，只需比对手多坚持一会，就有赢的希望。

2002年，中国互联网深陷泡沫危机，那时马云的口号是成为最后一个倒下的人。而且，那个时候他坚信一点：我难，有人比我更困难，我难过，对手比我更难过，谁能熬得住谁就赢。放弃才是最大的失败，假如你关掉你的工厂，关掉你的企业，你永远没有再回来的机会。马云正是带着这种坚持，走向了最后的成功。

第12课 学会坚持：坚持下去总会有机会

日本的名人市村清池，在青年时代担任富国人寿熊本分公司的推销员，每天到处奔波拜访，可是连一张合约都没签成，因为保险在当时是很不受欢迎的一种行业。

在68天之内，他没有领到薪水，只有少数的车马费，就算他想节约一点过日子，仍连最基本的生活费都没有。到了最后，已经心灰意冷的市村清池就同太太商量准备连夜赶回东京，不再继续做保险了。此时他的妻子却含泪对他说："一个星期，只要再努力一个星期看看，如果真不行的话……"

第二天，他又重新鼓起勇气到某位校长家拜访，这次终于成功了。后来他曾描述当时的情形说："我在按铃的时候之所以提不起勇气的原因是，已经来过七八次了，对方觉得很不耐烦，这次再打扰人家一定没有好脸色看。哪知道对方这个时候已准备投保了，可以说只差一张契约还没签而已。假如在那一刻我就这样过门不入，我想那张契约也就签不到了。"

在签了那张契约之后，又有不少契约接踵而来，而且投保的人也和以前完全不相同，都是主动表示愿意投保。许多人的自愿投保给他带来无比的勇气。在一个月内他的业绩就一跃而成为富国人寿的佼佼者。

在历史的长河与现实的生活中，也有很多为理想为事业奋斗的年轻人，他们往往在离成功还有一步之遥时停止了脚步，面对失败与困难，他们气馁了、放弃了，功亏一篑，功败垂成，这是多么令人痛心与惋惜呀。

任何一个人都应该清楚一点，要想在激烈的竞争中胜利，就应当拥有更加坚定的心态和顽强的毅力，哪怕最后一刻你终究会倒下去，但是只要你能坚持到最后，你就是胜者。

永远都不忘记第一天的梦想

软银总裁孙正义在提到他成功的原因时曾经讲到,他主要是缘于"一个梦想和毫无根据的自信。一切都是从这儿开始的"。马云也曾说过他成功创业的原因,其中第一个就是"梦想"。因为梦想,所以才能坚持;因为一直没有忘记第一天的梦想,所以才能一直保持稳健的步伐。

在通向梦想的路途中,如果每天都想保持新鲜的激情,那么就要对自己的工作怀揣一份"初恋"的感觉,绝不要沉浸在那些短暂的成功中无法自拔,更不要在行进的路途中偏离最初的梦想。

2001年的冬天也正是互联网的寒冬,这一年对于整个中国互联网来说,可谓是一片萧条。昔日"IT界"呼风唤雨的网络英雄都已经"风光不再",撑不下去的早已"关门大吉",就是勉强撑下去的也已经"改头换面",脱离互联网,选择"下线"了。

在2001年年底,孙正义在上海召开了一次投资会议,孙正义问马云:"你要不要也调整战略,放弃电子商务,转向其他领域?"马云却信心十足地告慰自己的"投资人":"孙先生,一年前你为我融资的时候,我向你要钱的时候,我讲的是这个梦想,今天我仍然要告诉你,我还是这个梦想,惟一的区别是我朝我的梦想前进了一步,并且我还在往前走!"

马云接着说:"我深信不疑我们的模式会赚钱的,亚马孙是世界上最长的河,阿里巴巴是世界上最富有的宝藏。"马云非常自信,每一个接触过马云的人都有这种感觉。有人评价马云时说:"他走每一步的时候都很有底气、很有把握,都在他的谋略和计划之中。所以他什么都不惧。"

马云在"阿里巴巴社区大会"上曾经说过这样一段话:"初恋是最美好的,每个人第一次恋爱最容易记住,每个人初次创业时候的理想是最好的,但是走着走着就找不到这条路在哪里了,其实你的第一个梦想是最美好的东西。"

马云的故事似乎在告诉年轻人，一个人的价值观是力量的来源，它能让人有力量采取行动。而对于所有年轻人来说，最初树立的价值观将会对自己未来的管理行为及方式产生深远的影响。因此，每一个年轻人，特别是在创业中的年轻人，都应该有自己的价值观，这种价值观不仅是梦想的传递，更会让自己在梦想的路上坚持不懈，最终达成目标。

2014年10月，北京大学文学院开学典礼上，来自国内最优秀的学生聚集在一起，倾听了诺贝尔文学奖得主莫言名为"悟守初心"的演讲。

演讲中，莫言以乾隆皇帝"置于学道"中的一句"莫教冰鉴负初心"带出了演讲的重心："乾隆皇帝题下这首诗，是希望所有参加考试的贡院学生不要辜负自己10年的辛苦与期盼，达成自己的理想。而我对于这首诗的理解是，不要忘记自己最初的梦想，不要忘记自己曾经的努力是为了什么。人生中要经历许许多多的考试，有些是有形的，有些是无形的。在这竞争激烈的时代，我们为了自己的事业而奋斗，但在经历了那许许多多的考试和失败之后，我们常常会忘记自己最初的梦想，忘记那颗'初心'。'莫教冰鉴负初心'，就是让我们不要辜负自己最初的梦想，不要忘记那颗'初心'。"的确，对很多人来说，所谓的"初心"，不正是自己的人生目标吗？"莫教冰鉴负初心"，是对人生的一种坚守。

美国联邦快递公司创始人费雷德可·史密斯曾经说过："我相信我们创建的核心价值观，在今天仍然是有生命力的，并且将会继续作为明天的标准。"当年轻人坚守"初心"，不断地去付出努力时，就一定会充满干劲儿，并且不会偏离自己的价值观。

在事业的道路上，很多年轻人走着走着，就忘记了自己最初要去往哪里。马云认为："放弃是很容易的，但我们决不会放弃我们第一天的梦想。"是的，只要不忘记自己第一天的梦想，始终沿着最初的目标走下去，取得的成就就会越来越大，即使会碰到许多困难和挑战，也绝不要放弃，成功就在不远处。

就是在刀光剑影中求成功

有人说:"当下职场是在刀光剑影里求生存。"这话一点不假,年轻人要拼出人生的成功并不是一件容易的事情,这其中充满危险,一不小心就可能身心俱伤。

就拿马云来说,从创办海博翻译社开始,给别人做翻译到美国追债,结果自己差点无法回国;接触互联网后,一心想要做个像样的中国黄页,结果因为得不到客户的信任,而被当成骗子;后来好不容易中国引进了互联网,澄清了自己不是骗子,但又因为对手的打压,一直艰难度日;为了背靠大树好乘凉,选择了和对手合作,结果却只是一个骗局。

虽然经历了这诸多的挫败,但马云从来都没有放弃过。离开中国黄页后,他开始第二次创业,也就是创立今天的阿里巴巴。经过3年的艰苦挣扎,终于迎来了出头之日,但是,虽然表面上看起来,一切都越来越好了,可谁知道以后还会发生什么?

互联网本来就是个变幻莫测的行业,常常是"你方唱罢我登场,各领风骚三五年"。虽然今天不再像从前那样,付出了再多的努力,却依然胜算无几,但是,"当下职场就是在刀光剑影里求生存"这一比喻还是非常形象的。一个从业者无论何时都要不断武装自己,随时准备好接受别人的挑战……

在阿里巴巴工作的确不是一件容易的事,但在一些优秀的人才看来,在阿里巴巴工作是一件很美妙的事情。一般来说,在阿里巴巴工作的人体内似乎有着某些特殊的基因,诸如创造的欲望、不灭的激情、面对风险的勇气等。为了满足对梦想的追求,对自我证明的渴望,他们选择了在阿里巴巴工作。对于他们而言,在阿里巴巴工作是一种乐趣,无论遭遇怎样的困难和挫折，他们都能坚持不懈、不屈不挠。

"赢在中国"中的潘诚是作为评委的马云最为欣赏的一个选手。他的职业生涯可谓是一波三折，不过他倒也乐此不疲，在一次又一次的职业经历中不断地积累经验和资本，并享受着"刀光剑影的生活"。

1994年，学光电子技术专业的潘诚带着"趁年轻气盛时干一番事业"的想法，辞掉了有着高薪高待遇的工作，和一位朋友合伙在广州开了家工厂，生产游戏机、电话机等电子产品，从此踏上了艰难的成功征程。

潘诚以2万元起家，虽然只坚持了短短8个月，但还是赚到了一些钱。潘诚回忆说："刚开始，我们生产的电子产品还是很畅销的，后来，由于生产同类产品的厂家越来越多，竞争也越来越激烈，导致整个行业的产品价格下滑，最后几乎没有利润可图。"

然而，正当潘诚在磨难中艰难挣扎时，接下来发生的一件事，几乎给了这个初出茅庐的小伙子致命一击。原来，潘诚的那位合作伙伴眼见产品价格下滑，获取利润越来越艰难，便将他俩半年辛苦赚来的七八万元钱全部卷跑，至此杳无音信。

1995年，潘诚开始第二次创业，他和大学同学一起开了家电子元器件代理公司，主要代理芯片和家电集成块等。由于手上资金缺乏，无法接触到大市场、大客户，这次创业同样以失败告终。

1996年7月，潘诚只身前往香港，重新开始了打工生涯。他在香港一家做监控工程的公司工作，一干就是4年，成为了销售经理。

到了2000年，梦想未灭的潘诚再次辞职，从香港回到广州，和一个朋友合伙开了家工程公司。由于积累了4年的监控工程从业经验，公司盈利情况还不错。但是时间久了之后，潘诚觉得做工程的潜力不是很大。2003年下半年，潘诚果断地将经营了3年的公司卖掉，利用筹来的资金重新成立了一家电子产品公司。

2003年10月，潘诚的公司和一家广州的公司签了一份协议，做那家公司产品的全国总代理，协议的有效期是一年。潘诚做到第10个月的时候，该产品的销售突飞猛进，厂家对销售客户也越来越了解，便单方终止了协议。这样，潘诚的公司又陷入了困境。

他说:"这个时候很多人都在劝我,把公司关了,退一步海阔天空。我听到这句话时,总能想到《大宅门》里白景琦的父亲讲的一句话:'我进一步多么不容易,我为什么要退一步?'"

在刀光剑影中,潘诚没有放弃,他选择了坚持。

2004年,潘诚成立了广州铭视数码科技有限公司。经过辛勤努力,他将自己的公司发展成了集研发、生产、销售于一体的多功能企业,取得了丰硕的成果。

在"赢在中国"的舞台上,潘诚说了自己的一些看法,他说:"所有工作都是一个经验积累的过程。我觉得可能要注意两点:一是要注意变化,二是要注意坚持。这看起来是矛盾的两方面,但又是协调统一在一起的。"

潘诚的经验和马云有着很多共同之处,例如变化,例如坚持。年轻人应该好好向他们学习,掌控自己的命运,最大限度地发挥自己的潜能。人生虽然充满刀光剑影,但只要你有一颗勇敢而执着的心,你就一定能到达成功的彼岸。

第13课
生财有道：赚钱模式越多，说明你越没有模式

阿里巴巴之所以没有在香港上市，很多人责骂马云，认为这是"忘本"。其实，真实的原因是，阿里巴巴独特的合伙人制度有违香港的相关法律。但这正体现了阿里巴巴众所周知的独特的经营模式。也正是这些成就了马云。

不做竭泽而渔的"愚人"

马云认为,这世界上挣了钱的有两种人:一种是"精明人",一种是"聪明人"。精明人竭泽而渔,聪明人放水养鱼;精明人挣小钱,聪明人赚大钱。精明与聪明,一字之差,谬之千里。

在商场上,最大的忌讳便是犯下竭泽而渔的错误,如若只顾眼前利益而不站在全盘角度来思考问题,就很容易因为狭隘的思想而让自己蒙受损失。人生和事业要发展,就要懂得选择未来,过于急功近利,只会得不偿失。

马云的精明之处便在于他的高瞻远瞩。由于他目光犀利而独到,知道只有先服务于"客户",才能为淘宝网的用户带来收益的最大化。因此,淘宝网借助3年的免费优惠吸引了众多的人气,彻底打响了淘宝的名号。

2005年,淘宝网成立3年,距离"免费试用三年"的承诺还剩下一个月,淘宝网的一些商家开始担心:淘宝网提供的"免费午餐"是否已经到头?接下来是不是要收取服务费?会收取多少呢?而经常网购的消费者也在担心:淘宝网收费之后,网上购物是不是就不再便宜?如果网上购物价格和实体店相差不大,甚至更贵一些,谁还会在"看不见摸不着"产品的情况下在网上购物呢?

面对商家和消费者的忧虑,2005年10月20日,淘宝网执行总经理孙彤宇带着阿里巴巴高层的指示,在北京饭店公布了一条消息:原本计划告别免费的淘宝网,将继续免费3年!同时宣布,阿里巴巴再出资10亿元人民币,继续养着淘宝。

当时,一些记者就淘宝网的免费机制提出很多问题,孙彤宇秉承马云"彻底忘掉盈利的事情"的宗旨,一一做出明确回答,让为收费担忧的商家彻底放心。在接下来的2005年到2008年,2008年到2011年,又两个

别把抱怨当习惯：
阿里巴巴给年轻人的14堂智慧课

3年过去，淘宝网的免费宗旨始终没有改变。在这个免费的平台上，商家越做越满意，阿里巴巴的客户也越来越多。

也许有人会质疑：马云这样做能赚钱吗？事实上，马云的用意可想而知，他所指定的淘宝网免费政策挑战的显然不是自己的腰包，毕竟利益与利润是每个企业孜孜以求的，马云也不是伟大的"奉献者"。他之所以会一直维持不盈利的网站运作，正是从侧面来打响淘宝名号的策略，这条策略将对以后的淘宝发展有着深远的影响。

年轻人如果不能科学规划，立足长远，那么就永远无法达成目标。就像在池塘里捉鱼，如若你掏空了水塘去捉鱼，可能当时你会满载而归，可是当你以后也需要鱼时，面对干涸的池塘，你从哪里去取？

为了一点利益而断了自己未来的道路，显然是一种愚蠢的做法。是放水养鱼还是竭泽而渔，考验的不仅仅是年轻人的战略思维，更是他们的眼光。

1980年到1993年，可口可乐公司的股票价值从40多亿美元上升到560亿美元，成为当时全美市场价值排名第六的上市公司。面对如此辉煌的业绩，公司领导人并没有高兴很久，因为所有人都面临着一个严峻的挑战，那就是可口可乐如何在整个20世纪90年代保持高速增长。

当时，可口可乐的领导人戈伊苏埃塔决定依靠更广阔的市场来推动公司的发展。于是，他开始了可口可乐的全球战略布局，努力把公司和品牌打造成"环球可乐"。

为了打开海外市场，戈伊苏埃塔首次实地考察了一系列欧洲国家，目的在于探讨可口可乐及其合作商如何在该地区进行10亿美元的投资。

成功的考察使戈伊苏埃塔相信，可口可乐将步入一个发展新时代。他说："我们过去是一家拥有大量国际业务的美国公司，而如今我们是一家在美国具有一定规模业务的大型国际公司。"后来的商业实践证明，戈伊苏埃塔重新改造了可口可乐公司，使它发展成为一家全球化的软饮料公司。这一切都与戈伊苏埃塔眼光长远的经营策略有直接关系。

塞斯·沃曾经说过:"我一直相信,一个公司的眼光应该长远一点。只顾眼前利益,如同顺着斜坡滑一样,可能偏离主题,越走越危险,直至最终灾难的到来。"诚然,也许做事最初可能没有实现赚钱,而且还需要继续大量烧钱,但是这种放水养鱼的做法,对于自己未来的发展,却是至关重要的。

所以,精明的人,一味争夺利益;聪明的人,为客户创造利益。试想一下,如果客户的利益尚且得不到保障,他们怎么可能为你创造财富呢?怎么可能将手中的财富分流出来呢?马云的高明,就在于不做竭泽而渔的"愚人"。

帮助别人赚钱,自己才能赚到钱

现在有越来越多的人为了财富的梦想加入了创业者的大军,渐渐地,从一开始为了梦想而创业,演变成了为了金钱而不择手段。人一旦开始一味追求财富和金钱,思想就容易被数字麻痹,甚至变成金钱的奴隶。

2007年12月谷歌因逃税被卷入"逃税丑闻"。阿里巴巴的情况却刚好相反,一份来自正望咨询公司的报告披露说,阿里巴巴"每天纳税100万"并非空谈。数据调查显示,阿里巴巴每年的纳税金额甚至超过中国互联网行业内除阿里巴巴外纳税前10名的公司的总和。

一面是对财富异常贪婪,最终露出逃税马脚的谷歌;一面是看淡金钱,一心做良心企业的阿里巴巴,展现在我们面前的就是这样两幅截然不同的场景。有些人在得到巨额财富之后依然不知足,想尽一切办法往自己的口袋里塞钱,而阿里巴巴却依然将自己的钱包摆在桌面上,与伙伴甚至是别的企业分享自己的财富。毕竟钱是挣不完的。怎样才算是足够多,这就看你怎么看了。有人觉得吃饱喝足就已经很幸福了;有人觉得付得起房子的首付就已经很知足了；而有人觉得能住上别墅就别无他求了；可有人却觉得买下全中国的土地都还不满足。这就是人与人的差别，企业与企业的差别。

华人富豪霍英东曾经说过："商人最容易犯的毛病就是贪恋利益，不知进退之道，最终遭到市场的惩罚。想要得到一些东西，必须先暂时给予一些东西。就像钓鱼，想要钓到鱼，必须先在鱼钩上放鱼饵。"

做生意也是一样，只有先让合作伙伴尝到甜头，先让对方赚钱，自己才会赚到钱。马云就是利用了这个法则，成功地将阿里巴巴和淘宝网推向了互联网的前沿。

阿里巴巴是商人们赚钱的工具，马云时常提醒销售人员不要盯着客户的钱，而是要帮客户多赚钱，等到他们赚钱之后分给自己一点。马云从一开始就坚持资源共享，通过免费的方式让信息以最快的速度聚集在一起，然后提供给用户。

阿里巴巴的每一项产品都是为了帮助客户赢利而产生。从一开始，客户的不信任会为营销带来很多障碍，而等到他们发现使用阿里巴巴的产品真的能够为自己带来极大的好处时，他们就自然而然地乐意掏钱出来，甚至争先恐后地把钱塞到阿里巴巴的口袋里。

2004年阿里巴巴推出"搜索关键字竞价拍卖会"。只要是"诚信通"会员，就可以通过拍卖来获得他们在每个产品类目下前3名的位置，上限价为每月16万元。

每月16万元对于中国习惯了省吃俭用的中小企业而言，不是一笔小数目，可这一活动却受到大量用户的追捧。有的客户甚至为了竞拍成功，偷偷带着有无线上网卡的笔记本出去吃饭，然后利用午饭时间突然出价，只为让对手措手不及。据客户说，他这样做的原因是每年获得阿里巴巴竞价排名订单，光是加盟和保证金就有600万元，产品的销售利润就更大了。相比之下，几万元的竞拍价就成了小菜一碟。

在任何商业场所，如果年轻人脑子里总是想着赚钱，利益心太重，就很难将商路扩宽。因为做生意，功利心越强就越难得到他人信任，从而越难赚到钱。相反，那些总是考虑如何为客户创造价值的人，反而能让钱不请自来。

在创造价值的过程中，马云时常会提醒员工不要有太强的功利心。脑子里想的应该是如何帮助客户赚钱。马云相信，客户只有得到了实惠，才会心甘情愿地买单。所以，无论是阿里巴巴还是淘宝，一定要先为客户创造价值，然后再考虑收费。

老子在《道德经》中说："将欲去之，必固举之；将欲夺之，必固予之。将欲灭之，必先学之。"这段话可以概括为：欲想取之，必先予之。这也就是说，你想要得到某些东西，就必须先给予一些东西。只有先给予，才能有所收获。

2011年，奇虎360举办了开放大会，董事长周鸿祎在这次大会中提到了开发者和平台运营商之间的比例分成问题。周鸿祎当时的观点很明确：360是平台运营商，但要把分成比例从有利于平台运营商向有利于应用开发者推进。

周鸿祎说："我一直信奉这样一个原则：这个世界上最挣钱的生意是帮别人挣钱，最成功的事业是帮别人成功。早期我做3721网络实名，建立面向中小企业的代理渠道的时候，业内通行做法是三七开，代理商拿三，域名注册机构拿七；我掉了个个儿，代理商拿七，我拿三。结果，代理商销售3721网络实名的积极性就起来了。从这里我领会到一个道理：做生意，本质上就是帮助别人赚钱。当你帮助别人赚钱，而且让别人赚的钱比你还多的时候，大家的积极性就会调动起来。其实，这不是懂不懂渠道的问题，而是懂不懂人心的问题，所有生意的本质都是人性。

"做360开放平台，我的想法是一定要帮助应用开发者挣到钱，只有这样360开放平台才能挣到钱。因为没有历史包袱，所以360就能够彻底地开放。我们遵循一个原则，就是'有所为，有所不为'，把平台打造好，而不是平台也做，应用、业务、游戏也自己来做，最后既当裁判员，又当运动员，跟合作伙伴争利。我们专注于做平台，也是为了更快、更好地帮助应用开发者成功。只有他们成功了，360才能成功。"

史玉柱说:"企业不赢利就是在危害社会,就是最大的不道德。"但赚钱最忌"迫不及待"。如果眼睛只盯着对方的钱袋,那么你可能永远都得不到对方的信任与尊重。

将欲取之,必先与之。在参加美国一档脱口秀节目时,马云说:"在大多数商学院里,教授们教的都是如何赚钱,如何管理企业,但是我想告诉大家的是,如果你想经营企业,那么首先你要提供价值、服务他人、相互帮助,这才是关键所在!"

所以,你不要老是想从别人身上得到什么,应该想自己能够给予别人什么,付出什么样的服务与价值来让对方先获得好处。当你能持续这么做,并且大量帮助别人获得价值的时候,成功自然会降临到你头上。

搞定投资者,别人的钱也要省着花

阿里巴巴团队是一个有理想、有价值观、有事业心、有使命感的优秀团队。如此优秀的团队之所以能团结在马云的领导下,是因为他们为之奋斗的事业不是为了马云一个人,也不是为投资者,而是为了整个团队的理想。

马云曾经说过:"如果我们不相信自己能赚钱,投资者就不会给我们钱,而投资者的耐心也是有限的,他等了3年以后说,你得给我证明看你能赚钱,我2002年就证明给他看,我们赚钱了。阿里巴巴赚钱是给风险投资商最好的礼物。"

你能够从投资者那里拿到钱,就说明投资者对你有一定的信任,如果你能够用好投资者的钱,你就继续去向投资者融资,如果你不能用好投资者的钱,那么就请你在投资者面前住手。总之,你想要投资者掏钱,就要对投资者负责,就要珍惜投资者的资金。否则,你的信誉度就会大大降低。

马云认为,投资者和管理者之间并没有矛盾,只有管理者去欺骗投资

第13课 生财有道：赚钱模式越多，说明你越没有模式

者，投资者不太可能欺骗管理者。作为管理者一定要记得还给投资者借给自己的钱，这是做人的品质。

曾经在"赢在中国"中有一位选手，当他说到自己想用风险投资者的钱去搞免费的事业时，作为评委的马云认为，免费是世界上最昂贵的东西，所以尽量不要免费，等有了钱以后再考虑免费。免费不是一个好策略，它付出的代价会非常大。

如今，阿里巴巴已经有了高盛、软银等机构的大笔投资资金，可马云和他带领的阿里巴巴依然像往常一样节俭。因为马云明白，投资者给自己钱的时候，要记住有一天自己一定要还他更多，这是做人的品质。所以，花投资者的钱得非常小心，要对投资者负责任。刚刚创业的时候，阿里巴巴所有管理者都是很节俭的，几乎不打出租车，能省则省。

一个人如果想要获得风险投资，最好想办法去赚钱。IDG全球高级总裁兼亚太区总裁熊晓鸽曾经说过："要想获得风险投资，和风险投资者谈判时，不要说什么都不缺，就只是缺钱。风险投资商的工作就是选好企业'押宝下注'。因而，他们更关心你是否能给他带来更多的利润。"

很多时候，投资者之所以肯在你身上花钱，是因为看重了你的项目后继发展的可能性，同时也是给予了你充分的信任。而有些人往往不懂得尊重这种信任，反而将投资方的钱拿来"乱花"，认为是"别人的资金"，所以消耗起来一点也不心疼。实际上，这不仅会让投资方对你的信任度降低，而且当你下次需要融资时，可能就会遭遇阻碍。

2012年，四川多家中小企业CEO汇聚在华西讲堂的现场，以一场精彩的"企业融资经验分享会"展开了节目主题。现场，四川融资达人——四川徽记食品董事长吕金刚等代表与60多位企业主展开了一次"零"距离对话。

吕金刚说："只有懂得价值分享，才能吸引更多投资者关注的目光。很多企业做起来了，就害怕分红了、害怕分利了，架子还没搭起来就畏首畏尾了。这是股东和投资者最不喜欢看到的。学会分享是一个很重要的前

提,不要害怕投资者分红,不要害怕股东分利。"

经过几轮风投资金的注入,徽记食品的融资额在本土食品领域当属NO.1。"加起来有几个亿!"吕金刚说,对于一个小食品企业来讲,这笔钱已经是一笔非常大的资金了。需要注意的是,很多企业拿到投资者的钱就不当一回事了。他告诫在场的中小企业:"我们要把投资者的钱用好,时刻想着如何让投资者的钱增值,不能乱花钱。否则,对自身的品牌也是无形的影响。我们要明白风险投资人最想要得到的是什么,而这个项目能带给他利润的概率又有多大,没有信心是难以成事的。"

马云曾经一再强调:"阿里巴巴永远坚持一个原则:我们花的是投资人的钱,所以要特别小心。雅虎是今天世界上最'小气'的公司。而我们考虑的也是如何花最少的钱,去做最有效的事情。"所以,聪明的马云对投资方的钱都会运用得十分小心,而且争取每一笔资金都能用到位,也因此能够与投资方保持长期的合作关系,也让投资方更加信任,不断与之合作。年轻人的事业如果想做得更加顺利,一定要站在投资方的角度多思考问题,这样才能让合作持续下去。

为卖家省钱就是为自己省钱

马云从创业至今,在钱的方面一直都是能省则省,所有的事情都要站在节俭的角度考虑,当然这不是吝啬或是小气的表现,只是他要把每一分钱都用到最有价值的地方,让钱生钱而不是挥霍浪费。

尽管马云已经是中国首富了,但是他从骨子里就带有的节约品质却并没有因为富有而消散。马云不仅要求自己节俭,还在公司里推行节俭之风。据说在阿里巴巴办公室门口的复印机上放着一个公用的储存罐,在复印机后面的墙上还贴着一张公司复印机使用详细规定和说明的公告。上面明确表示,个人如果需要复印私用的东西则每张5分,人们只需要将钱放进储存罐内即可。另外,复印公司内部文件也要双面使用,如果复印数量超过 150 份就要外包交由前台处理。

这样的阿里巴巴看起来非常小气,但是却可以看到它对钱的认知态度,不能因为有钱了就挥霍无度、铺张浪费。在马云看来,阿里巴巴集团之所以能从一个十几个人的小公司,变成现在的上市公司,其中一个重要因素就是他们当初没有钱。正是因为没钱,所以一路走来他们才会对金钱的重要性有着切身的感受,以至于在后来的发展中都在极力想方设法为同样没有钱的中小企业省钱,为阿里巴巴平台上的卖家省钱。于是,知道将心比心的阿里巴巴得到了众多中小企业的信任,阿里巴巴也因此越做越大、越走越远。

2011 年 1 月 17 日,全球领先的小企业电子商务公司阿里巴巴在上海正式推出国际物流服务"速卖通仓储集货"。该项服务将会打通国内出口全线物流,加速物流效率,为卖家减少运费投入,提升"中国制造"价格竞争力,切实为小企业解决外贸物流的难题。

一直以来物流被认为是电子商务最难攻克的一关,而此次阿里巴巴所拿出的仓储物流解决方案将会为旗下全球速卖通平台上的卖家和买家带去切实的利益。交易时,买卖双方在速卖通平台选择此服务后,就能够享受到整合物流所带给他们的优惠服务,包括第三方提供的仓储及国际运输服务,与之前相比费用可省 3 成。

该项物流服务在买家付款后,卖家会根据订单情况,将相应的货物发送到上海指定仓库,之后速卖通合作物流将根据卖家提供的货物申报信息及买家的指令完成货物入库和后续发货等安排。此项改动意味着卖家不用再去计算复杂的国际物流运费,只需要发送相关的指令就可以了。同时,卖家也不用支出国际物流运费,全程的国际物流运费将由新物流模式与买家结算,从而减少了资金滞压。

此外,物流快线将对货物进行统一标准的验货,保证货物的完整性,更好地避免卖家和买家在货物上违约。物流快线比传统物流的速度更快、效率更高,以最快的效率将货物发往海外买家。

业内专家表示,对国内小企业而言,由于没有最低订货量要求,企业可以订购单一供应商或单一的产品，也可以订购多个供应商或多种产品，提高了服务的灵活性。同时，这项新服务可以让小企业在网上直接接触或跟踪他们的货物，省去了时间耗费，便于与供应商达成协议以及管理国际航运的选择。

对于海外买家而言，速卖通物流还提供了额外的质量控制验证服务。当货物到达仓库时，专业的质量控制人员可以验证有没有损坏的货物，把货物的内容顺序相匹配。这样，买家可以更早地控制产品的质量，降低了产品的未来收益或交换的风险。

其实，很多创业者之所以会在后期的发展中慢慢走向失败，就是因为当他们做出一点成绩，赚到一些钱的时候就失去了节约意识，花钱总是大手大脚，也不再从客户的角度出发为他们省钱。如果一个企业总是拿着客户的钱大肆浪费，那么势必会遭到客户的不满，时间久了，企业就会臭名远播，自然不会再有人愿意与这样的企业合作了。

以前阿里巴巴没钱时，每花一分钱他们都认认真真考虑，而现在即使有钱了，但是还是像没钱时一样花钱，因为他们知道自己今天花的钱都是卖家给的。只有给卖家省钱，卖家才会觉得这样的企业值得托付，而阿里巴巴的生意自然会越做越火。

所有的利益关系都是相互的，为卖家省钱就是为自己省钱，别人将钱投资到你的企业里就是信得过你，只有你切实地为卖家赢得了利益，卖家才会选择继续与你合作。一旦你不珍惜别人的钱，不能为卖家赚取财富，那么卖家就会对你的企业失去信心。一个得不到卖家信赖的企业，就像离开水的鱼，其存活期剩不了多少天。失去卖家的企业，时间长了资金链就会面临严重的风险，一旦无后续的企业与之合作，势必就会令自己的企业跌入万劫不复的深渊。

企业不能创造概念，而要创造价值

马云曾说："如果要说创造价值和赚钱哪个重要，我们说都重要，但是一定要问哪个更重要，则创造价值更为重要。如果创造了价值没有钱，你这个价值根本不是价值，你创造了这个价值结果没人愿意付你钱，你这是垃圾，你给社会不是创造价值，（而是）在创造垃圾。"下面便是马云就此发表的一段演讲：

"年前我们推出了支付宝，这在策略上已经抢占了时机。2005年，我们要不战而屈人之兵。我们希望在2008年到2009年，真正迎接中国网上时代的到来。去年，我们在五周年上提出要打造102年的公司，阿里巴巴要客户第一、员工满意、股东满意，我们的使命是让天下没有难做的生意。

"2005年是斗鸡年，我们并不想战胜谁、打败谁，我们希望世界上的生意越来越透明、公正，商界没有腐败。我们不是为了创造概念，而是为了创造价值！我们希望阿里巴巴能够影响世界经济的格局、亚洲经济的格局和中国经济的格局，因为有了阿里巴巴，这个世界将不一样。

"我们认为，竞争不是主项，我们希望通过和eBay的竞争来学习西方文化管理能力，增强我们的业务水平。我们的目的不是希望客户粘在阿里巴巴，而是要让客户真正赚钱，享受各种产品、各种服务。"

有些人认为，人生的一切奋斗就是为了赚钱，这当然没有错，但是如果认为赚钱就等于有了人生价值，那就有些偏离了。其实我们把目光放长远，会发现能够赚钱并不等同于创造人生价值。能够赚钱的人有很多，赚钱的手段也多种多样，赚钱的过程中创造的价值大小却是千差万别的。

做事业千万不能为了赚钱而给社会制造"垃圾"，因为创造价值比赚钱更重要。企业的价值对企业的未来影响深远，同时也会在未来为企业带来丰厚的回报。而且价值定位的高低也将决定企业概念的高低，如果一开始只重视概念，那么企业的盈利与价值将无法完全体现出来。

1992年12月，太太口服液在深圳、广东大量上市，这是我国第一个女性口服美容保健品。短短5年内，太太口服液从一个区域性的品牌逐渐成长为全国性品牌，甚至还出口至港澳及整个亚洲。

当初，太太口服液总经理刘光霞和同事们产生这个产品的念头是：改革开放后人们生活水平显著提高，人们对保健药品的要求十分迫切，而市面上只有一些适宜男性的壮阳健肾之类保健口服液。刘广霞和她的同事们觉得女人是更需要关心的"半边天"，这个消费群体蕴藏着巨大的消费潜力。

"太太口服液"的广告片制作过程也是非常严谨的，整个过程经过了3个阶段的消费者调查，以确保广告片达到预期的水准。另外，为了确保以优质产品服务消费者，"太太药业"在深圳投巨资兴建符合GMP标准的现代化生产厂房，使产品质量达到国际先进水平。对于品质的专注投入，使该产品获得《ISO9002质量管理与质量保证》的国际证书，成为中国第一家获得ISO9002国际标准认证的保健品生产商。

一个企业获得成功并不是靠短期行为去赚钱，而是创造出自己在社会中的价值，这种价值还要得到社会普遍的承认。这不仅是企业获得生存、体现自身价值的必要条件，也是企业主所需要坚持的原则。

正如马云所说的："这本是一个眼光、胸怀的世界，企业家必须承担社会责任、创造价值、完善社会。"企业概念是目标，是方向，但是价值才是企业最核心的存在。概念是企业管理思想的精髓，但是要将这种精髓更好地体现出来，就应当更好地服务于社会，将企业理念奉献于社会，创造出更多的价值。

第 14 课

不断反省：吸取教训，降低成长的成本

人，必须学会自省。自省虽然是一个痛苦的自我磨砺的过程，但唯有如此，我们才能更清楚地了解自己，认识自己，并敢于直面自己身上阴暗的一面。纵观马云的成功历程，是在不断的自省中进步的。所以，当通过反省能够不断进步时，我们的生活之路才会在前面不断延伸，而且越走越广阔。

写出阿里巴巴的1001个错误

正所谓:"火车快不快,全凭车头带"。作为一项事业的主导者,他的权力与所要肩负的责任是对等的,当事业出现了问题和差错时,主导者不仅要想办法填补漏洞,同时还要学会反思。

现在的专家都非常认同行动与思考的重要性——你必须是行动者,也必须是思想者。因为成功必须介于实际的行动和抽象的思考之间,只行动不反思,事业在未来的发展道路上就会越来越被动,一遇到问题,就会陷入僵局。

下面我们来看马云在著名的斯坦福大学所发表的演讲:

今天,大家总是在写关于阿里巴巴的成功故事。但是我并不认为我们有多么聪明。我们犯了很多错误,当时我们还是很愚蠢的。所以我在想,如果哪天我要写关于阿里巴巴的书,我会写《阿里巴巴的1001个错误》,这才是大家应该记住的事情,应该学习的事情。

如果你想知道其他人是怎么成功的,这是非常难的。成功有很多幸运的因素。但是如果你想学习别人是怎么失败的,你就会受益很多。我总喜欢看那些探讨人如何失败的书。因为,当你仔细去分析的时候,任何失败的公司,他们失败的原因总是各式各样,而这才是最重要的。所以淘宝成功了,接下来我们做了支付宝,因为大家都说中国没有信用体系,银行很糟糕,物流很糟糕,你为什么还要做电子商务?

很多人在做事前需要先停下匆忙的脚步,停下来思考,并彻底地反思。我把阿里巴巴戏称为"1001个错误",原因是公司创建后曾一度大幅扩张,在网络经济泡沫破裂后不得不进行裁员。我从阿里巴巴不景气的业务中得到的教训是,工作团队必须有自身价值观、创新力和远见卓识,还要学会用脑子思考,而不要使蛮力。

很多人的事业之所以失败，就是因为对自己没有一个深刻的认识。一个事业的成功者必须敢于承担事业的风险并且总结错误，如果盲目地独霸权力，自大地贸然前进，未来之路就会越加坎坷。

世界10大汽车工业公司之一丰田，其管理者在制造营销观念中一直都懂得自我反思。

在丰田汽车生产中心，高级管理者赋予每位一线工人发现问题"拉灯"的权力，以便能够随时提醒产品存在潜在缺陷或进程问题。如果不能及时解决这些问题，丰田会停止整条装配生产线。这种体制本质上将权力赋予了丰田工厂内的每一个人，这样不光是管理者能够随时反思出现的错误，而且每一名丰田成员都有可能成为问题发现者。

曾经有一名美国主管在2006年的《快速公司》上发表的一篇文章中，描述了他是如何认识到丰田公司的运作和普通的组织之间存在差异的。在他受雇丰田在肯塔基州的乔治敦工厂后不久，一次向高层管理汇报工作，当他讲自己部门实施的一些成功举措时，主管打断了他的汇报。主管说："我们都知道你是一个成功的管理者。否则，我们也不会雇用你。但是，请和我们谈谈你遇到的问题，这样我们可以一起来想办法解决这些问题。"可以说丰田公司的管理者对组织内每天发生的小问题都有着深刻的反思，并将问题视为学习和改进的机会。

或许很多人认为，自己的动机、自己的战略、自己的计划、自己的方案，本身没有什么问题，就算有问题，也只是一些微不足道的小问题，没有必要浪费太多的时间去思考。然而，你的事业可能已经经营了10年、20年，但还是有必要反思：有多少成绩是自己做出来的，有多少是市场机遇带来的？转型期的市场，市场体系并不是十分完善，你又如何能度过难关呢？

将犯错当作最有效的学习过程

马云曾经说:"阿里巴巴最大的财富不是我们取得了什么成绩,而是我们经历了这么多失败,犯了这么多错误,这些错误,你听了会笑着说,那时候(我)也犯过。所以有一天如果有重要项目就不要派常胜将军上去,要派失败过的人上去。失败过的人,会把握每一次机会。"

失败的滋味是苦涩的,但它所包含的道理却是甘甜的。失败与成功各有各的价值,在大多数情况下,失败的价值还要更大一些。因为成功了,一般人会疏于思索,而失败则会逼着人们不断地去思考。因此,犯错也是一种探索与学习的过程。

阿里巴巴创立之初,正是互联网泡沫盛行之时,在巨大的利益面前,阿里巴巴也有些迷失方向,开始急速地扩张,以至于在互联网泡沫破裂后,他们不得不进行裁员。到了2002年,阿里巴巴的资金链出现了问题,所拥有的资金只够维持18个月。当时,阿里巴巴网站的许多用户都在免费使用服务,并没有什么盈利能力。而马云等阿里巴巴的高层也不知道该如何获利。正巧那时候,他们开发了一款产品,为中国的出口商和美国的买家牵线,正是这项业务拯救了阿里巴巴。

到2002年底,阿里巴巴终于实现了盈利,跨过了盈亏平衡点。从那以后,公司的经营业绩每年都在提高。

英国文学家萧伯纳曾经说过:"一个尝试错误的人生,不但比无所事事的人生更荣耀,并且更有意义。"企业的竞争最后都是学习力的竞争,企业要想成长,就应该学会在失败中寻找可以把握的机会。

智慧的人看到别人犯错时,应该学会反省和自责:"是不是因为我的不善管理而引起的?""做事过程中究竟是哪个环节出了问题?"要知道,

别把抱怨当习惯：
阿里巴巴给年轻人的14堂智慧课

经验就是练习、体验、反省的过程。如果年轻人将犯错当作是学习积累经验的过程，就一定能够冲破难关，取得更大的突破。

美国曾有一个名为道密尔的企业家，他专门收购一些濒临破产的企业，而这些企业到他的手中则会"起死回生"。有人问他，为什么对这些失败过的企业"情有独钟"。道密尔说："正是因为失败过，我知道了它失败的地方，我就不会犯同样的错误了，这不是要比自己一切从头开始要容易得多吗？"将别人失败的经历变成自己的财富，这大概就是道密尔成功的秘诀了。

和田一夫是日本著名的企业家，1929年3月2日他出生于日本静冈县热海市一个以经营蔬菜为生的家庭。他凭着一己之力，将一家乡下蔬菜店扩建成为在世界各地拥有400家百货店和超市，员工总数达2.8万人，鼎盛期年销售总额突破5000亿日元的国际流通集团。在20世纪80年代到90年代初期，他的集团在16个国家，拥有400多家百货公司。

但是在1997年的时候，由于过度扩张和市场定位不准，他宣布破产。一夜间，和田一夫变成一个连累了股东和员工的罪人。他交出所有财物，向企业界告别，搬到一个租来的两室一厅的居室。

但是和田一夫并未就此倒下，在经历了最初的痛苦、伤心、绝望之后，他在书中寻找慰藉。他非常喜欢看《邓小平传》，他说："邓小平最后一次从失败中站起来时是74岁之后，他提倡改革开放，建立丰功伟业。而当我的事业倒闭时，我才68岁，我深信还有机会东山再起。"

1998年，年已70岁的和田一夫设立经营顾问公司，决心将自己的经营经验和教训传授给年轻的经营者们，NHK电视台等日本传媒称其为"不屈之人"。和田一夫说："火凤凰必将重生，在燃烧自己后，会再创新天地，大不了从零开始。"

中国有一句老话：老马识途，正因为老马走过无数的道路，经过无数的坎坷，才能在每个坎坷之上留下心底的记号，下一次从此经过时，便可以一跃而过！我们要学会认识失败，承认失败，利用失败，从中总结出经验教训，扭转人生的困境。

所以，出现错误时，不要总是太过在意，应当鼓起勇气，从失败中吸取更多的经验和教训。犯错本身就是一种更好的学习"机会"，因此，请好好把握这样的"机会"吧。

错误犯得越早，自己的损失越小

马云曾经说过："顺风顺水成就的是我们的事业，而逆风逆水成就的则是我们的人。不管做任何事情，有些错误是必须犯的，而且越早越好。犯错误就像是摔跤，孩子摔跤只是屁股痛一痛，成年人可就不仅仅痛屁股了，老了简直经不起一摔。所以说，犯错误其实与成名一样越早越好。"

马云从大学时代就开始痴迷于太极拳，2010年4月，他还专门千里迢迢从杭州赶到了太极"圣地"河南陈家沟。在那里他见到了陈氏太极的第19代传人：极具传奇经历，在太极界有"实战王"之美誉的王西安先生。

马云向王西安先生请教道："您与您的儿子，在太极上的造诣谁更高？"王西安说："我虽然功夫很好，但是由于文化水平不高，表达不清楚，所以练习时走过很多弯路，是犯了无数次的错误后才逐渐地感悟出来。而我的两个儿子却很幸运，在我零距离的教导下，几乎没走过任何弯路，所以19岁时就打遍天下无敌手了。"

听了这句话，马云立刻就联想到了企业上，在他看来其实两种经历都是不可或缺的，如果之前是靠拍脑袋选对了方向，事业是发展了，人却没有成长。那么，总有一天还是会出错，而且出错越晚，损失就越大。

当企业出现问题时，发现得越早，损失就会越小。所以，每一名做事业的人都应当培养问题意识，这样才有利于培养认真严谨的工作态度。尤其是在自己发现问题之后，能够通过准确的陈述和报告让问题得到有效重视，这样才能从根源上解决错误。

然而，看看那些依旧还在错误道路上苦苦挣扎，恋恋不舍于昔日辉煌的人们，他们曾经取得过辉煌的成绩，如果能够摆脱错误从头再来，绝对会东山再起。但是他们没有这个勇气，因为他们不愿意承认自己的失败，也不愿意去发现错误。要知道，想在错误不可避免地到来之时尽早发现错误，并及时采取措施以减少损失，必须要有承认错误的勇气，坦诚面对和正视错误。如果没有，只能等待消亡。

当然，有些错误并不是显而易见的，就像扁鹊为蔡桓公诊病一样，只有到了病入膏肓、难以治愈的程度，才知道出了"大问题"。因此，还应当培养自己看待问题的前瞻性眼光。例如，日常多注意一下企业的内外部变化，多运用自己的创新思维，敢于突破原有框架和思维定势的束缚，这样才能及早发现问题并找到解决问题的方法。

1993年，巨人集团犯下了战略性错误，然而当时史玉柱没有正确认识到自己的错误，反而一直在错误的方向上做徒劳的努力——试图通过融资、贷款将巨人大厦盖起来以救活原有的电脑、医药、房地产3大产业，结果越努力陷得越深，最后导致全军覆没，一直到1997年，巨人集团还欠了3亿元的债务。

从1994年延误至1997年，这种延续性的错误不但造成了更大的损失，而且白白浪费了3年的宝贵时间。后来，史玉柱正视失败，从头再来，从零开始，另起炉灶，在短短的3年里就创造了年销售10亿元的脑白金奇迹，远远超过了昔日的辉煌。但是，损失3年的时间其实也等于又损失了一个脑白金奇迹和30亿元商机。可见，不能及早发现错误对企业的伤害有多大。

如今有许多人在做事时往往习惯抱着"多做多错"的思想，遇事止步不前，畏畏缩缩，不敢有丝毫"出格"的举动，久而久之就变得没有闯劲，胆气也渐渐消磨没了。事实上，在自己力量还很小的时候犯错，即便是错了也不会造成太大的影响和破坏。相反，如果自己做得很大，已经在市场竞争中取得了一定的地位，那时候，你再犯错，可能就会造成无法挽回的损失了。

所以，年轻人一定不要害怕犯错误，毕竟任何人都会有犯错的时候，也不可能一直都是一帆风顺的，如果你能及时地发现并进行补救，肯定能够度过难关。

利用别人的错误完善自己

罗马哲学家席内卡曾经说过："你若是一个人，就应该崇拜那些尝试过伟大事业的人，即使他们失败了，也值得赞美。"一个人或企业怎样才能避免他人的失败和错误发生在自己身上呢？最好的方法便是学会从他人的错误中总结出让自己获胜的经验。

马云从来都不喜欢看有关成功的书，他只看一些关于失败的，然后从这些失败的故事或案例中去分析自己该如何做，怎样才能成功。正是马云善于借用他人的错误来反思自己，阿里巴巴在发展道路上才能够越走越顺。

2011年，关于雅虎有意减持或者出售阿里巴巴25%股份一事，成为舆论关注的焦点。国内外媒体纷纷撰文，称阿里董事局主席马云有望重掌公司控股权。对此，马云如实解释道："在中国雅虎上，我们的确犯了很多的错误。如果回到过去，我们还会买下中国雅虎吗？是的，我们还会买！但我们还会以这种方式吗？不，我们不会了。我们会用更聪明的方法。我没有任何的并购经验，尤其是并购互联网公司。所以如果你问我，对雅虎是否感兴趣，是的，我当然感兴趣。我们可能是极少数几家真正懂得雅虎美国的公司之一。

"人们说，中国雅虎那么糟糕，你怎么还好意思说你很懂美国雅虎？我要说我们4年前解决了很多的问题，如果不那么做，我们今天可能就死了。所以我们愿意跟大家分享，我们是如何节约了开支，如何解雇一些人，那时候我们必须早一点解雇一部分人，留下一部分人。我觉得现在的

别把抱怨当习惯：
阿里巴巴给年轻人的14堂智慧课

互联网公司都应该好好想想，能从雅虎的事情中学到什么。如果我们不从别人的错误中学习，我们迟早有一天也会受到同样的挑战。"

马云曾经说过："创业就是与失败、困难为伍，所以必须正视失败，同时要有耐心去接受失败，分析失败的原因，寻找走出失败的途径，反败为胜。"任何人都应该善于借用他人的错误来反思自己的缺点，如果只是一味地闭门造车，只会让自己偏离实际，停滞不前，永远是井底之蛙。

职业生涯早期所经历的失败、挫折和艰难险阻对其个人发展和职业发展都产生了巨大影响。其中那些善于借鉴他人失败，总结个人经验的人，往往更容易成功，因为他们从别人的错误中总结了经验教训，避免了许多类似错误的发生。

美国科学院院长布鲁斯·艾尔伯兹在访华期间曾应邀为《科技日报》撰文。他在文中这样写道："有很多人都问我，为什么美国的科学能够取得如此辉煌的成就。这个因素其实有很多，但是中国往往容易忽视这样一个影响因素，那就是在美国，人们尊重失败，尊重那些渴望成功、努力挑战困难的人，即使他们碰得头破血流。对于那些优秀而雄心勃勃的计划，即使失败了，也不以为耻。科学要探索，就会有失败。"

然而，很多人往往是盲目地沉浸在自我进取的路上，不善于从他人的经验中去反思自己，总结自己，因而造成重复性失败。事实上，在拼搏的过程中，有成功，也必然有失败，如若能将一些具有典型性的失败实例加工成案例，无疑能在工作中给自己提供难得的借鉴，避免潜在的风险，少走弯路。

总地来说，年轻人将失败的经验教训整理成为案例，对自己有3大好处。

第一、帮助自己树立敢于挑战自我的勇气。他人失败的案例能够让自己更好地面对工作中的不足，并且承认自己的错误，以此得到教育，而且无形中还帮助自己树立了一种勤于思考、勇于挑战自我的良好心态。

第二、避免自己犯第二次错误。失败是成功之母，通过失败的案例分析和学习，将教训总结出来，让自己以此为鉴，减少重复性失败的发生，不断完善提高。

第三、促使自己学会思考各种问题。通过失败案例管理，促使自己认真分析思考存在的问题，找出产生问题的根本原因，制定解决措施。

在竞争日趋激烈和残酷的现代商业社会，要想取得成功，就一定要有勇气承认错误，并从他人失败的案例中获取经验，这样即使失败，也会有"东山再起"之日。

闯天下，就不要害怕犯错误

年轻人闯天下，要在看不见的未来之路上进行有效探索，错误是避免不了的。在闯天下过程中，不能畏惧失败。正如曾经有人请教马云对于成功的看法时，马云这样回答："如果你没有在创业路上摔100个跟头的准备，你不要创业；如果你没有无数次被拒绝甚至被嘲讽的准备，你不要创业；如果你没有做好'被全世界人抛弃'的准备，你不要创业。"所以说，年轻人闯天下，就不要害怕犯错误。

为了让企业将来能够取得长远的发展，1996年初，马云决定将中国黄页与西湖网联进行合资。当时，有了资金支持的中国黄页业务扩展大大加快，到了1996年底，中国黄页不但实现了盈利，而且营业额突破了700万元。

好景不长，几个月后，马云带人到外地拓展业务，等再回到杭州一看，情况大变。南方又注册一家自己的全资公司，名字也叫"中国黄页"。为了利用中国黄页已有的品牌声誉，南方公司建立了一个"chinesespage.com"网站，和中国黄页的"6chinapage.com"相近，而且中文名字也叫中国黄页。于是，杭州有了两个"中国黄页"。

新黄页利用老黄页之名开始分割老黄页的市场。两家黄页同城操戈，自相残杀。做一个主页，你收5000元，他就收1000元。这时，马云才知道自己又上当受骗，他说："因为竞争不过你，才与你合资，合资的目的是先把你买过来灭掉，然后去培育它自己的100%的全资黄页。"气愤至极的马云，为了保住黄页，为了迫使对方关掉新黄页，愤然提出了辞职。

在马云对未来的探索之路上，就是这样不断摔跟头，不断爬起来。不管有多少损失，多少委屈，也不管有多大打击，多大压力，马云都扛下来了。他和他的创业团队经受住了一次次磨难的考验，不断地成长，逐渐走向成熟。

事实上，企业探索与创新本来就是一项充满风险的活动，只有那些有胆量、敢于直视失败的人才能走到最后。因为创新本来就是一场赌博，只有敢赌的人才能靠毅力获得最后的成功。据《科学投资》的一项研究发现，大凡成功人士都有某种程度的赌性，因为赌徒的心理承受能力远远强过普通人，而对未知领域的探索，正是最需要强大心理承受能力的一项活动。

2012中国（深圳）电子商务发展论坛在深圳五洲宾馆举行。其中，"1号店"董事长于刚就企业创新与发展做了一番讲话。

于刚认为，要创新就不要怕犯错，因为所有新方法、新模式虽有成功的概率，但都需要冒很大的风险。因为好的做法恐怕大多已经被用过，我们去尝试一些新的做法，可能很大程度都会失败。所以我们要有容错的心态。

对此，于刚还举了一个例子特别说明："在1号店上线之前，我们在没有做市场调查和尝试的情况下，筹备了3个月的时间做了一本非常精美的300多页的目录，一次印出了10多万本，100多万元砸进去。但后来的结果是，这种推广效果非常不好，1号店早期都是一些低单价的快消品，这种目录形式，价格不能动态改变，于是我们很果断地停掉了。又比如，之前我们做了很多海报，通过地铁站、小区发放，当时每次一发海报，订单就上去，一停，订单就减少，后来，我们忍痛停止这种海报的方法。我们发现，这些不是电子商务的做法，于是逼着自己去创新，去找适合电子商务的推广方法,从而发掘出后来成功的案例。"

想赢怕输,似乎是很多人一直存在的心理怪圈。这也是为什么如今很多人在探索未来的道路上想尝试却又不敢尝试的原因。其实,失败了也只能说明自身的能力不足。但要让自己今后的道路越来越宽,就不能怕失败,毕竟尝试了,努力了,就会有结果,如果你不尝试,你永远都不会成功。

有句话说得好:"抱最大的希望,尽最大的努力,做最坏的打算。"创新本来就属于一种风险投资,当年轻人具备了抱最大的希望,尽最大努力的心理,也一定不要忘了做最坏的打算。这样当失败来临时,才能保持一个好的心态再接再厉。

永远把别人的批评记在心里

许多人在批评他人,特别是批评下属的时候,往往恨不得像秋风扫落叶一般,把对方批得体无完肤,然而一旦受到别人的批评,反思自己时则是遮遮掩掩、文过饰非、涂脂抹粉。实际上,批评是帮助一个人快速走出误区的最好方式,应该学会将别人的批评记在心里。

马云创建阿里巴巴也经历过失败,也遭遇过批评,然而面对他人的建议和批评,马云总是十分认真地倾听和接受,并从中结合自己的思路进行反思。在马云的眼中,别人的批评是反思自我的最好良药。

央视"赢在中国"栏目第三季是马云演讲专题,大赛组委会特别邀请担任本次大赛的评委阿里巴巴创始人马云为"赢在中国"36强选手做创业励志演讲。

面对创业者,马云说了很多看似语不惊人死不休的话,不过其中有些话非常值得年轻人思考,也值得年轻的创业者借鉴。马云分享了他的创业

> 感想:"人一辈子中被一个人,被你的老师,被谁这么指点过,而且是狠狠地批过以后,如果你没有出息,你恨过以后就算了,你有出息,你去思考,两三年以后,你会感激这是好事。"

金无足赤,人无完人。存在错误并不可怕,可怕的是明知自身存在缺点而不去主动改正。尤其是企业的管理者,处于高位,更应该本着"有则改之、无则加勉"的态度虚心接受他人的批评,乐于采纳不同的意见和建议,不能因别人戳到了"痛处"而"心存芥蒂",也不能因他人的"直言不讳"而"牢骚满腹"。

然而,怎样面对他人的批评,仍有少数人总是顾虑重重,主要表现在:不敢接受批评,在受到批评时,妄加猜测对方批评的目的;听到对方一出现批评的语气,便迫不及待地去反驳,以至将矛盾激化。事实上,我们应该认真地倾听对方的批评,即便有些观点自己并不赞同,也应该让批评者讲完自己的道理。另外我们应该坦诚地面对批评者,表现出很愿意接受批评者的态度,这样才能体现出我们的宽容大度。

世界上最著名的企业——微软,其文化的一大特色就是批评和自我批评。有一次,一个刚加入微软的市场经理,代表微软产品去参加一个商品展。回来后,他兴高采烈地发了一封电子邮件给整个产品小组。他说:"我很高兴地告诉大家,我们在这个展览上取得了令人振奋的成绩。10项大奖中我们囊括了9项。让我们去庆祝吧!"但是,没想到,在一个小时内,他收到了十多封回信。大家问他:"没得到的是哪一个奖?为什么不告诉我们?为什么没得到那个奖?我们得到什么教训?明年怎样才能得到这第10个奖?"他说,在那一刻,他懂得了微软为什么会成功。

比尔·盖茨也经常鼓励员工畅所欲言,对公司的发展、存在的问题,甚至上司的缺点,毫无保留地提出批评、建议或提案。他说:"如果人人都能提出建议,就说明人人都在关心公司,公司才会有前途。"1995年,当比尔·盖茨宣布不涉足互联网领域产品的时候,很多员工提出了反对意见。其中,有几位员工直接发信给比尔说:这是一个错误的决定。当比尔·盖茨发现有许多他尊敬的人持反对意见时,他又花了更多的时间与这些员工见面,最后写出了《互联网浪潮》这篇文章,承认了自己的过错,调整了公司的发展方向。

所以,做事情一定要懂得树立大局意识,养成自觉接受批评的良好习惯,摆正心态,放下包袱,将他人的善意和诚心转化为修正错误的动力,做到"桃李不言,下自成蹊",这样才能深刻反思,将错误的观念扭转过来。

当然,有的人在对他人进行指责或批评时,喜欢将自己的意见概括起来,虽然说了一大堆,但很难让人明白他具体在批评什么。如果遇到这样的批评者,应该客气地让他讲明批评的理由,最好能讲出具体的事件。这样做可以使我们更加清楚地明白自己在哪些方面还存在问题和不足。另外,还可以让无中生有的批评者知难而退。

对于年轻人来说,应该勇敢地参与到批评与自我批评中去,摆正态度,接受对方的正确批评,并且深刻地反省自己。这样,才能避免在今后的发展道路上走更多的弯路。